1 2年生で習ったこと

❶ 次の計算をしましょう。

① 2×2　　② 3×8

④ 6×1　　⑤ 8×7　　⑥ 5×3

⑦ 1×8　　⑧ 6×3　　⑨ 2×9

⑩ 3×4　　⑪ 7×2　　⑫ 9×5

⑬ 4×6　　⑭ 2×4　　⑮ 3×2

⑯ 7×3　　⑰ 9×6　　⑱ 6×8

⑲ 5×5　　⑳ 4×9　　㉑ 8×4

㉒ 9×7　　㉓ 5×8　　㉔ 7×6

㉕ 8×9

2 次の計算をしましょう。

① 3×3

② 4×8

③ 1×1

④ 6×4

⑤ 5×1

⑥ 8×3

⑦ 9×8

⑧ 3×7

⑨ 4×2

⑩ 5×9

⑪ 7×4

⑫ 3×5

⑬ 8×2

⑭ 6×9

⑮ 5×6

⑯ 4×1

⑰ 2×3

⑱ 7×8

⑲ 1×6

⑳ 9×2

㉑ 6×7

㉒ 2×5

㉓ 8×6

㉔ 9×9

㉕ 7×7

九九は、これから学習する計算にひつようだよ。
まちがえた問題は、九九の表を見て、しっかりおぼえよう。

2 九九の表とかけ算

❶ □にあてはまる数をかきましょう。　　　　　　　12点(1つ4)

① $5 \times 7 = 5 \times 6 + \boxed{5}$

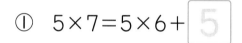

かける数が1ふえると、答えは
かけられる数だけ大きくなり、
かける数が1へると、答えは
かけられる数だけ小さくなるよ。

② $5 \times 7 = 5 \times 8 - \boxed{}$

かけられる数とかける数を
入れかえても、答えは同じに
なるよ。

③ $5 \times 7 = \boxed{} \times 5$

❷ □にあてはまる数をかきましょう。　　　　　　　32点(1つ2)

① $2 \times 4 = 2 \times 3 + \boxed{}$　　② $7 \times 4 = 7 \times \boxed{} - 7$

③ $3 \times 5 = 3 \times \boxed{} - 3$　　④ $9 \times \boxed{} = 9 \times 8 - 9$

⑤ $7 \times 8 = 7 \times \boxed{} + 7$　　⑥ $8 \times 3 = \boxed{} \times 2 + 8$

⑦ $\boxed{} \times 4 = 9 \times 3 + 9$　　⑧ $4 \times 8 = \boxed{} \times 9 - 4$

⑨ $6 \times 7 = 6 \times 8 - \boxed{}$　　⑩ $2 \times 6 = 2 \times 7 - \boxed{}$

⑪ $\boxed{} \times 2 = 5 \times 3 - 5$　　⑫ $3 \times 7 = 3 \times \boxed{} + 3$

⑬ $8 \times \boxed{} = 8 \times 6 - 8$　　⑭ $6 \times 5 = 6 \times 4 + \boxed{}$

⑮ $5 \times 4 = 4 \times \boxed{}$　　⑯ $4 \times 6 = \boxed{} \times 4$

❸ □にあてはまる数をかきましょう。　　　　　　　　16点(1つ4)

① 6×□=12 の□は、⬜6⬜ のだんの九九を使って ⇨ □

② □×8=32 の□は、□ のだんの九九を使って ⇨ □

> □×8=8×□
> と考えるよ。

❹ □にあてはまる数をかきましょう。　　　　　　　　40点(1つ2)

① 5×□=10　② 7×□=35　③ □×3=27

④ □×2=14　⑤ 9×□=36　⑥ 6×□=42

⑦ 8×□=24　⑧ 4×□=28　⑨ □×7=21

⑩ 3×□=15　⑪ □×5=45　⑫ □×9=54

⑬ □×4=12　⑭ 2×□=8　⑮ 7×□=63

⑯ □×7=56　⑰ □×6=24　⑱ 8×□=48

⑲ 9×□=18　⑳ □×8=72

九九を使って、□にあてはまる数をみつけられるようになったかな。
できないときは、九九の表を見てたしかめよう。

4

3 0、10 のかけ算

① □にあてはまる数をかきましょう。　　　8点(1つ2)

① 5×0 は、5×1 より ⑤ 小さくなるから、5×0＝ ⓪

② 0×6＝6× □ だから、0×6＝ □

0の6こ分と
考えてもいいね。

② 次の計算をしましょう。　　　54点(1つ3)

① 2×0＝⓪　　② 0×9＝⓪　　③ 0×5

どんな数に0を
かけても、答えは
0になるよ。

0にどんな数をかけても、
答えは0になるよ。

④ 0×8　　　　⑤ 3×0　　　　⑥ 0×1

⑦ 4×0　　　　⑧ 0×2　　　　⑨ 7×0

⑩ 9×0　　　　⑪ 0×6　　　　⑫ 8×0

⑬ 0×7　　　　⑭ 1×0　　　　⑮ 0×3

⑯ 6×0　　　　⑰ 0×4　　　　⑱ 0×0＝⓪

❸ □にあてはまる数をかきましょう。　　　　　　　　

① 6×10は、6×9より ⑥ 大きくなるから、6×10= 60

② 10×6=6× □ 　だから、10×6 = □

> 10の6こ分と考えて、
> 10+10+10+10+10+10 でも
> もとめられるね。

❹ 次の計算をしましょう。　　　　　　　　　　　　34点(1つ2)

① 3×10= 30　② 10×9= 90　③ 4×10

④ 10×8　　　　⑤ 1×10　　　　⑥ 10×5

⑦ 7×10　　　　⑧ 10×4　　　　⑨ 10×2

⑩ 8×10　　　　⑪ 5×10　　　　⑫ 9×10

⑬ 2×10　　　　⑭ 10×3　　　　⑮ 10×7

⑯ 10×1　　　　⑰ 10×10= 100

どんな数に0をかけても、答えは0になるよ。
また、0にどんな数をかけても、答えは0になるよ。

4 何十、何百のかけ算

❶ □にあてはまる数をかきましょう。　8点(1つ2)

40×3 は、10 が $\left(\boxed{4} \times \boxed{3} = \boxed{} \right)$ こだから、
→10が4こ

$40 \times 3 = \boxed{}$

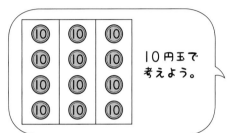

10円玉で
考えよう。

❷ 次の計算をしましょう。　40点(1つ2)

① $20 \times 3 = 60$　② $40 \times 5 = 200$

③ 60×7　④ 90×2　⑤ 80×4

⑥ 50×6　⑦ 70×9　⑧ 30×5

⑨ 70×3　⑩ 20×6　⑪ 50×2

⑫ 90×9　⑬ 60×8　⑭ 40×6

⑮ 80×5　⑯ 30×3　⑰ 70×7

⑱ 40×4　⑲ 80×7　⑳ 90×8

❸ □にあてはまる数をかきましょう。

12点(1つ3)

600×2 は、100 が (6 × 2 = □) こだから、
→100が6こ

600×2 = □

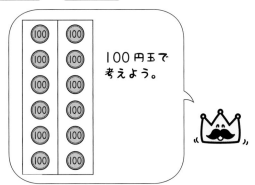

100円玉で
考えよう。

❹ 次の計算をしましょう。

40点(1つ2)

① 200×3 = 600

② 400×5 = 2000

③ 300×6

④ 200×4

⑤ 500×8

⑥ 800×2

⑦ 700×6

⑧ 400×4

⑨ 400×7

⑩ 600×5

⑪ 200×9

⑫ 500×5

⑬ 900×7

⑭ 700×2

⑮ 700×8

⑯ 500×9

⑰ 800×3

⑱ 900×4

⑲ 800×8

⑳ 300×7

何十のかけ算は、10円玉が何こ分になるか、何百のかけ算は、
100円玉が何こ分になるかを考えるんだよ。

5 （2けた）×（1けた）の筆算 ①

月　日　時　分〜　時　分

名前

点

1 32×3を筆算でします。□にあてはまる数をかきましょう。

4点（1つ2）

```
   3 2          3 2          3 2
×    3    ⇨   ×    3    ⇨   ×    3
              ─────        ─────
                  6          9 6
```
一の位にかける。　　　十の位にかける。

一の位からじゅんにかけようね。

位をそろえてかく。　　三二が 6 　　三三が □

2 次の計算をしましょう。

36点（1つ3）

①
```
   1 2
×    2
─────
   2 4
```

②
```
   1 1
×    5
─────
  □ □
```

③
```
   1 3
×    3
```

④
```
   1 4
×    2
```

⑤
```
   3 1
×    2
```

⑥
```
   1 1
×    7
```

⑦
```
   2 0
×    2
─────
   4 0
```

⑧
```
   4 0
×    2
```

⑨
```
   2 3
×    3
```

⑩
```
   4 3
×    2
```

⑪
```
   2 1
×    4
```

⑫
```
   3 0
×    3
```

❸ 19×4 を筆算でします。□にあてはまる数をかきましょう。

12点(1つ3)

位をそろえて
かく。

四九 36

十の位に 3
くり上げる。

四一が □

くり上げた3とで 7

❹ 次の計算をしましょう。

48点(1つ4)

①
```
    1 4
  ×   3
    4 2
```

②
```
    1 7
  ×   4
  □ □
```

③
```
    2 3
  ×   4
```

④
```
    1 2
  ×   7
```

⑤
```
    3 8
  ×   2
```

⑥
```
    1 2
  ×   5
    6 0
```

⑦
```
    1 6
  ×   5
```

⑧
```
    4 7
  ×   2
```

⑨
```
    2 4
  ×   4
```

⑩
```
    1 8
  ×   4
```

⑪
```
    1 4
  ×   5
```

⑫
```
    2 6
  ×   3
```

かけ算の筆算は、一の位からじゅんにかけていこう。
くり上げた数はわすれないように、小さくかいておくといいね。

① 53×3 を筆算でします。□にあてはまる数やことばをかきましょう。

16点(1つ4)

```
    5 3          5 3          5 3
  ×   3    ⇒   ×   3    ⇒   ×   3
                    9        1 5 9
```
一の位にかける。　　十の位にかける。

位をそろえて　　三三が □　　三五 □
かく。

□ の位に 1 くり上げる。

② 次の計算をしましょう。

36点(1つ3)

```
①    3 2       ②    4 3       ③    9 1
   ×   4         ×    3         ×   4
   1 2 8         □ □ □
```

```
④    6 4       ⑤    5 1       ⑥    2 0
   ×   2         ×   2         ×   7
                 1 0 2
```

```
⑦    9 0       ⑧    4 1       ⑨    8 3
   ×   8         ×   5         ×   3
```

```
⑩    7 2       ⑪    4 2       ⑫    8 0
   ×   3         ×   4         ×   5
```

❸ 67×4 を筆算でします。□にあてはまる数をかきましょう。

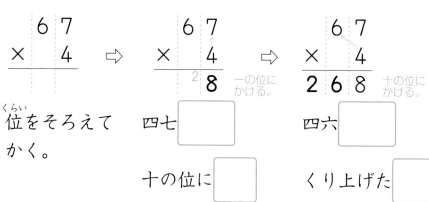

位をそろえて
かく。

四七□

十の位に□
くり上げる。

四六□

くり上げた□とで 26

百の位に□くり上げる。

❹ 次の計算をしましょう。

① 22 × 6 = 132

② 78 × 3 = □□□

③ 32 × 8

④ 29 × 8

⑤ 27 × 4 = 108

⑥ 45 × 6

⑦ 28 × 6

⑧ 42 × 5

⑨ 35 × 7

⑩ 39 × 3

⑪ 48 × 7

⑫ 25 × 8

十の位と百の位にくり上がるよ。くり上げた数のたしわすれや
0のかきわすれに注意しよう。

7 （3けた）×（1けた）の筆算①

① 124×2 を筆算でします。□にあてはまる数をかきましょう。

12点（1つ4）

```
    1 2 4            1 2 4            1 2 4
  ×     2      →   ×     2      →   ×     2
        8              4 8          2 4 8
  一の位に            十の位に          百の位に
  かける。            かける。          かける。
```

二四が □　　　　　二二が □　　　　　二一が □

② 次の計算をしましょう。

36点（1つ3）

①
```
  2 4 2
×     2
  4 8 4
```

②
```
  3 2 4
×     2
□ □ □
```

③
```
  3 1 2
×     3
```

④
```
  2 0 3
×     3
  6 0 9
```

⑤
```
  4 1 0
×     2
```

⑥
```
  2 2 0
×     4
```

⑦
```
  3 0 2
×     2
```

⑧
```
  1 4 3
×     2
```

⑨
```
  4 2 1
×     2
```

⑩
```
  4 0 1
×     2
```

⑪
```
  2 3 1
×     3
```

⑫
```
  1 3 0
×     3
```

❸ 126×3を筆算でします。□にあてはまる数をかきましょう。

```
  1 2 6              1 2 6              1 2 6
×     3     ⇨    ×     3     ⇨    ×     3
      8              7 8            3 7 8
```
一の位にかける。　　十の位にかける。　　百の位にかける。

三六18　　　　　三二が6　　　　　三一が **3**
十の位に　**1**　　くり上げた
くり上げる。　　　**1** とで **7**

❹ 次の計算をしましょう。

```
①   1 3 7       ②     1 2 4       ③     1 8 2
  ×     2           ×       3           ×     3
    2 7 4           □ □ □
```

```
④   2 0 8       ⑤     1 0 9       ⑥     2 3 5
  ×     4           ×       9           ×     2
    8 3 2
```

```
⑦   2 4 7       ⑧     1 1 8       ⑨     1 2 1
  ×     2           ×       5           ×     8
```

```
⑩   3 1 5       ⑪     4 5 1       ⑫     1 0 6
  ×     3           ×       2           ×     5
```

かけられる数が3けたになっても、計算のしかたは同じだよ。
一の位からじゅんにかけていこう。

8 （3けた）×（1けた）の筆算 ②

月　日　　時　分～　時　分

名前

点

1 138×5を筆算でします。□にあてはまる数をかきましょう。

8点(1つ2)

```
    1 3 8
  ×     5
  ⁴     0
```
一の位に
かける。

⇨

```
    1 3 8
  ×     5
  ¹   9 0
```
十の位に
かける。

⇨

```
    1 3 8
  ×     5
    6 9 0
```
百の位に
かける。

五八 40

十の位に ⎡4⎤

くり上げる。

五三 15

くり上げた

□ とで 19

百の位に 1 くり上げる。

五一が 5

くり上げた

□ とで □

2 次の計算をしましょう。

36点(1つ3)

①
```
    1 2 3
  ×     6
    7 3 8
```

②
```
    1 1 8
  ×     7
  □ □ □
```

③
```
    2 4 3
  ×     4
```

④
```
    1 7 5
  ×     4
    7 0 0
```

⑤
```
    1 4 6
  ×     5
```

⑥
```
    1 3 5
  ×     7
```

⑦
```
    1 5 8
  ×     5
```

⑧
```
    1 2 9
  ×     4
```

⑨
```
    3 7 9
  ×     2
```

⑩
```
    1 3 6
  ×     6
```

⑪
```
    2 8 7
  ×     3
```

⑫
```
    1 2 5
  ×     4
```

❸ 654×3を筆算でします。□にあてはまる数をかきましょう。

```
  6 5 4          6 5 4          6 5 4
×     3    ⇨   ×     3    ⇨   ×     3
      2            6 2        1 9 6 2
```
一の位にかける。　　十の位にかける。　　百の位にかける。

三四 12　　　　三五 15　　　　三六 18
　　　　　　　　くり上げた　　　　くり上げた
十の位に □ に
くり上げる。　　□ とで 16　　□ とで □

　　　　　　　　百の位に1くり上げる。

❹ 次の計算をしましょう。

①
```
  5 7 6
×     2
  1 1 5 2
```

②
```
  3 8 9
×     3
```
□ □ □ □

③
```
  5 0 8
×     3
```

④
```
  4 5 7
×     3
```

⑤
```
  2 3 5
×     9
```

⑥
```
  6 8 5
×     2
  1 3 7 0
```

⑦
```
  3 0 5
×     8
```

⑧
```
  2 6 9
×     4
```

⑨
```
  7 8 9
×     2
```

⑩
```
  2 7 4
×     5
```

⑪
```
  5 6 7
×     3
```

⑫
```
  1 5 4
×     7
```

🐱 筆算は、きちんと位をそろえてかくことがたいせつだよ。

（2けた）×（1けた）の筆算
（3けた）×（1けた）の筆算

月　日　　時　分〜　時　分

名前

点

1 次の計算をしましょう。

28点（1つ2）

① 　12
　×　4

② 　11
　×　9

③ 　30
　×　2

④ 　14
　×　7

⑤ 　24
　×　3

⑥ 　25
　×　2

⑦ 　41
　×　3

⑧ 　21
　×　5

⑨ 　80
　×　3

⑩ 　60
　×　5

⑪ 　32
　×　9

⑫ 　84
　×　6

⑬ 　36
　×　5

⑭ 　75
　×　4

2 次の計算をしましょう。

①
$$214 \times 2$$

②
$$403 \times 2$$

③
$$230 \times 3$$

④
$$219 \times 3$$

⑤
$$112 \times 5$$

⑥
$$306 \times 3$$

⑦
$$468 \times 2$$

⑧
$$236 \times 4$$

⑨
$$176 \times 5$$

⑩
$$117 \times 6$$

⑪
$$162 \times 7$$

⑫
$$145 \times 8$$

⑬
$$515 \times 2$$

⑭
$$401 \times 5$$

⑮
$$324 \times 9$$

⑯
$$757 \times 2$$

⑰
$$278 \times 9$$

⑱
$$225 \times 8$$

くり上がりや0のかけ算に注意して計算しよう。
まちがえた問題は、もういちどやってみよう。

10 まとめのテスト

1 □にあてはまる数をかきましょう。　　　12点(1つ3)

① $5×9=5×8+\boxed{}$　　② $7×5=7×\boxed{}-7$

③ $8×6=\boxed{}×8$　　④ $1×3=\boxed{}×1$

2 □にあてはまる数をかきましょう。　　　16点(1つ2)

① $5×\boxed{}=45$　② $6×\boxed{}=54$　③ $\boxed{}×3=18$

④ $\boxed{}×2=6$　⑤ $9×\boxed{}=72$　⑥ $\boxed{}×7=42$

⑦ $8×\boxed{}=16$　⑧ $4×\boxed{}=20$

3 次の計算をしましょう。　　　24点(1つ2)

① $0×7$　　② $0×0$　　③ $10×0$

④ $6×10$　　⑤ $10×9$　　⑥ $10×10$

⑦ $30×4$　　⑧ $70×8$　　⑨ $80×9$

⑩ $300×2$　　⑪ $600×7$　　⑫ $500×4$

19

4 次の計算をしましょう。

①
$$\begin{array}{r} 11 \\ \times\ 4 \\ \hline \end{array}$$

②
$$\begin{array}{r} 20 \\ \times\ 3 \\ \hline \end{array}$$

③
$$\begin{array}{r} 49 \\ \times\ 2 \\ \hline \end{array}$$

④
$$\begin{array}{r} 81 \\ \times\ 5 \\ \hline \end{array}$$

⑤
$$\begin{array}{r} 60 \\ \times\ 8 \\ \hline \end{array}$$

⑥
$$\begin{array}{r} 57 \\ \times\ 3 \\ \hline \end{array}$$

⑦
$$\begin{array}{r} 34 \\ \times\ 9 \\ \hline \end{array}$$

⑧
$$\begin{array}{r} 38 \\ \times\ 3 \\ \hline \end{array}$$

5 次の計算をしましょう。

①
$$\begin{array}{r} 213 \\ \times\ \ \ 3 \\ \hline \end{array}$$

②
$$\begin{array}{r} 123 \\ \times\ \ \ 4 \\ \hline \end{array}$$

③
$$\begin{array}{r} 116 \\ \times\ \ \ 5 \\ \hline \end{array}$$

④
$$\begin{array}{r} 467 \\ \times\ \ \ 2 \\ \hline \end{array}$$

⑤
$$\begin{array}{r} 189 \\ \times\ \ \ 6 \\ \hline \end{array}$$

⑥
$$\begin{array}{r} 308 \\ \times\ \ \ 4 \\ \hline \end{array}$$

⑦
$$\begin{array}{r} 295 \\ \times\ \ \ 7 \\ \hline \end{array}$$

⑧
$$\begin{array}{r} 555 \\ \times\ \ \ 2 \\ \hline \end{array}$$

11 計算のじゅんじょと かけ算のきまり

❶ 2×3×3 を、2とおりのしかたで計算します。□に
あてはまる数をかきましょう。　　　　　　　　　16点(1つ4)

①　じゅんにかける

$$2×3×3=\boxed{6}×3=\boxed{18}$$

②　まとめてかける

$$2×3×3=2×(3×3)=2×\boxed{9}=\boxed{18}$$

多くの数をかけるときには、
計算するじゅんじょをかえても、
答えは同じになるね。

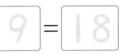

❷ □にあてはまる数をかきましょう。　　　　　　　16点(1つ4)

①　$3×2×3=3×\left(2×\boxed{}\right)$

②　$5×2×4=5×\left(\boxed{}×4\right)$

③　$4×2×3=\boxed{}×(2×3)$

④　$\boxed{}×3×2=2×(3×2)$

❸ 次の計算を2とおりのしかたで計算します。□にあてはまる
数をかきましょう。

① 4×2×2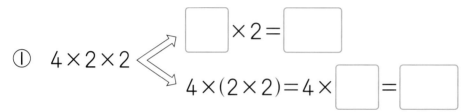

② 2×5×2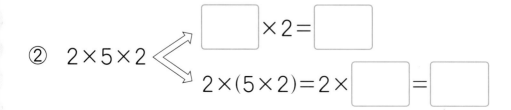

❹ 次の計算をしましょう。

① 3×(2×4)＝3×8＝24

② 2×(4×2)

③ 5×(2×5)

❺ くふうして計算しましょう。

① 80×4×2＝80×(4×2)＝80×8＝640

② 70×3×3

③ 39×2×5

🐾 かけ算のきまりをりかいできたかな。
じゅんにかけても、まとめてかけても、答えは同じになるよ。

① 次の計算を暗算でします。☐にあてはまる数をかきましょう。

28点(1つ2)

① 12×2

12を 10 と 2 に分けて、

二一が 2、20
二二が 4
あわせて、 24

10 ×2=☐
☐ ×2=☐

あわせて、☐

② 24×3

24を 20 と ☐ に分けて、

☐ ×3=☐
☐ ×3=☐

あわせて、☐

② 次の計算を暗算でしましょう。

36点(1つ4)

① 13×3
  10 3

② 14×2

③ 22×2

④ 32×3

⑤ 26×3
  20 6

⑥ 24×4

⑦ 17×3

⑧ 15×2

⑨ 45×2

❸ 次の計算を暗算でしましょう。

36点(1つ2)

① 12×4　　　② 33×3　　　③ 11×8

④ 21×4　　　⑤ 31×3　　　⑥ 12×3

⑦ 23×3　　　⑧ 42×2　　　⑨ 34×2

⑩ 15×5　　　⑪ 19×3　　　⑫ 16×2

⑬ 18×3　　　⑭ 23×4　　　⑮ 36×2

⑯ 46×2　　　⑰ 16×5　　　⑱ 15×4

かけ算の暗算は、十の位からじゅんに計算しようね。

暗算をするときは、はじめに答えの見当をつけてみよう。たとえば、33×3なら、30×3＝90だから、答えは90より大きくなるよ。

13 何十をかけるかけ算

❶ □にあてはまる数をかきましょう。　18点(1つ6)

$26 \times 30 = (26 \times 3) \times \boxed{10}$ だから、

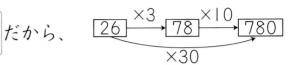

26×30 は、(26×3) を $\boxed{}$ 倍するともとめられます。

$26 \times 30 = \boxed{}$

まず、26×3を計算して、あとから10倍すればいいね。

❷ 次の計算をしましょう。　48点(1つ4)

① 3×70

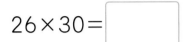

② 5×90

③ 12×40

④ 23×20

⑤ 29×30

⑥ 18×50

⑦ 70×60

⑧ 50×80

⑨ 23×50

⑩ 42×90

⑪ 53×70

⑫ 45×40

3 次の計算をしましょう。

① 2×80

② 7×40

③ 42×20

④ 33×30

⑤ 21×30

⑥ 11×70

⑦ 36×20

⑧ 25×30

⑨ 13×70

⑩ 15×20

⑪ 90×60

⑫ 40×50

⑬ 37×80

⑭ 67×40

⑮ 88×90

⑯ 24×70

⑰ 68×50

20 をかけるときは、2 をかけてから 10 倍、30 をかけるときは、3 を
かけてから 10 倍すればいいよ。答えの 0 の数に注意しよう。

14 答えが3けたになる (2けた)×(2けた)の筆算

❶ 26×12 を筆算でします。□にあてはまる数をかきましょう。

10点(1つ5)

```
    2 6              2 6              2 6
  × 1 2      ⇨     × 1 2      ⇨     × 1 2      考え方
  ─────            ─────            ─────
    5 2              5 2              5 2 …26× 2
                    2 6              2 6 0 …26×10
                                   ─────   ↑
                                    3 1 2  この0は
                                           かかない。
```

26 に ☐2 　　　　26 に ☐1 　　　　たす。

をかける。　　　をかける。

> 26に1をかけるとき、十の位からかいていこう。

❷ 次の計算をしましょう。

30点(1つ5)

①
```
    2 3
  × 1 3
  ─────
    6 9
  2 3
  ─────
  2 9 9
```

②
```
    2 2
  × 1 4
  ─────
  ☐ ☐
  ☐ ☐
  ─────
  ☐ ☐
```

③
```
    1 4
  × 6 7
```

④
```
    3 1
  × 2 8
```

⑤
```
    2 0
  × 4 6
  ─────
  1 2 0
  8 0
  ─────
  9 2 0
```

⑥
```
    4 7
  × 1 6
```

3 次の計算をしましょう。

①
$$\begin{array}{r} 41 \\ \times\,21 \\ \hline \end{array}$$

②
$$\begin{array}{r} 31 \\ \times\,22 \\ \hline \end{array}$$

③
$$\begin{array}{r} 76 \\ \times\,11 \\ \hline \end{array}$$

④
$$\begin{array}{r} 27 \\ \times\,12 \\ \hline \end{array}$$

⑤
$$\begin{array}{r} 18 \\ \times\,25 \\ \hline \end{array}$$

⑥
$$\begin{array}{r} 30 \\ \times\,23 \\ \hline \end{array}$$

⑦
$$\begin{array}{r} 72 \\ \times\,13 \\ \hline \end{array}$$

⑧
$$\begin{array}{r} 45 \\ \times\,19 \\ \hline \end{array}$$

⑨
$$\begin{array}{r} 38 \\ \times\,24 \\ \hline \end{array}$$

⑩
$$\begin{array}{r} 26 \\ \times\,37 \\ \hline \end{array}$$

⑪
$$\begin{array}{r} 75 \\ \times\,12 \\ \hline \end{array}$$

⑫
$$\begin{array}{r} 60 \\ \times\,16 \\ \hline \end{array}$$

十の位の数をかけるときは、答えを左に1けたずらしてかくことに注意だよ。

❶ 36×34 を筆算でします。□にあてはまる数をかきましょう。

10点（1つ5）

```
    3 6              3 6                3 6
  × 3 4     ⇨      × 3 4      ⇨       × 3 4      考え方
  ─────            ─────              ─────
  1 4 4            1 4 4              1 4 4 …36× 4
                   1 0 8            1 0 8 0 …36×30
                                    ─────────
                                    1 2 2 4
```

36に [4] をかける。　　36に [3] をかける。　　たす。

❷ 次の計算をしましょう。

30点（1つ5）

①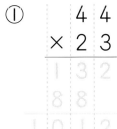
```
    4 4
  × 2 3
  ─────
  1 3 2
    8 8
  ─────
  1 0 1 2
```

②
```
    5 4
  × 1 9
  ─────
  □ □ □
  □ □
  □ □ □ □
```

③
```
    3 9
  × 3 2
```

④
```
    8 6
  × 3 4
```

⑤
```
    3 0
  × 6 5
  ─────
  1 5 0
  1 8 0
  ─────
  1 9 5 0
```

⑥
```
    7 0
  × 4 7
```

3 次の計算をしましょう。

①
$$48 \times 29$$

②
$$18 \times 58$$

③
$$72 \times 14$$

④
$$52 \times 21$$

⑤
$$43 \times 32$$

⑥
$$25 \times 42$$

⑦
$$51 \times 28$$

⑧
$$18 \times 89$$

⑨
$$65 \times 39$$

⑩
$$36 \times 85$$

⑪
$$60 \times 26$$
$$360$$
$$120$$
$$1560$$

⑫
$$90 \times 47$$

くり上がりに注意して計算しよう。

月 日	時 分〜 時 分
名前	
	点

1 次の計算をしましょう。　　　　　　40点（1つ4）

①
```
  42
× 21
```

②
```
  26
× 23
```

③
```
  16
× 15
```

④
```
  13
× 54
```

⑤
```
  30
× 33
```

⑥
```
  29
× 17
```

⑦
```
  14
× 39
```

⑧
```
  62
× 13
```

⑨
```
  22
× 28
```

⑩
```
  50
× 18
```

①
```
   24
×  43
```

②
```
   12
×  85
```

③
```
   31
×  38
```

④
```
   75
×  14
```

⑤
```
   58
×  19
```

⑥
```
   34
×  82
```

⑦
```
   16
×  75
```

⑧
```
   53
×  24
```

⑨
```
   42
×  34
```

⑩
```
   49
×  43
```

⑪
```
   40
×  57
```

⑫
```
   30
×  69
```

答えをかく場所や、くり上がりに注意して計算しよう。

17 かけ算の筆算のくふう

1 次の計算をくふうして筆算でします。□にあてはまる数をかきましょう。

16点(1つ4)

① 34×30

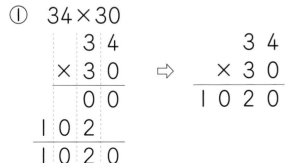

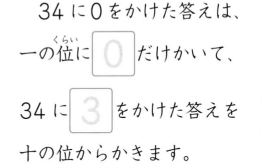

34に0をかけた答えは、一の位に **0** だけかいて、34に **3** をかけた答えを十の位からかきます。

② 7×58

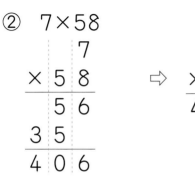

かける数とかけられる数を入れかえて、**58** × **7** として計算します。

2 次の計算をくふうしてしましょう。

36点(1つ4)

①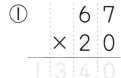
```
   6 7
 × 2 0
 1 3 4 0
```

②
```
   8 2
 × 6 0
```

③
```
   9 4
 × 3 0
```

④
```
   2 9
 × 4 0
```

⑤
```
   3 8
 × 3 0
```

⑥
```
   3 6
 × 5 0
```

⑦
```
   4 8
 × 7 0
```

⑧
```
   5 8
 × 9 0
```

⑨
```
   7 5
 × 8 0
```

③ 次の計算をくふうしてしましょう。　24点(1つ4)

①
$$14 \times 20$$

②
$$18 \times 30$$

③
$$13 \times 90$$

④
$$58 \times 40$$

⑤
$$35 \times 60$$

⑥
$$76 \times 80$$

④ 次の計算をくふうして筆算でします。□にあてはまる式をかいて、計算しましょう。　24点(式3、筆算3)

① 20×51 ⇨ [51×20] として計算する。
$$51 \times 20$$

② 70×29 ⇨ [　　　] として計算する。
$$29 \times 70$$

③ 6×48 ⇨ [48×6] として計算する。
$$48 \times 6$$

④ 8×25 ⇨ [　　　] として計算する。
$$25 \times 8$$

6×48などは、かける数とかけられる数を入れかえて筆算すると、答えを1だんでかくことができるね。

18 答えが4けたになる （3けた）×（2けた）の筆算

❶ 234×24 を筆算でします。□にあてはまる数をかきましょう。

10点（1つ5）

```
    2 3 4            2 3 4            2 3 4
  ×   2 4    ⇨    ×   2 4    ⇨    ×   2 4    考え方
  ─────────        ─────────        ─────────
    9 3 6            9 3 6            9 3 6 …234× 4
                    4 6 8            4 6 8 0 …234×20
                                     ─────────
                                     5 6 1 6
```

234 に [4] をかける。　　234 に [2] をかける。　　たす。

けた数がふえても、筆算のしかたは同じだよ。

❷ 次の計算をしましょう。

30点（1つ5）

①
```
    1 3 5
  ×   4 4
  ─────────
    5 4 0
  5 4 0
  ─────────
  5 9 4 0
```

②
```
    1 2 8
  ×   6 2
```

③
```
    1 0 2
  ×   4 5
```

④
```
    1 7 4
  ×   5 6
```

⑤
```
    2 4 3
  ×   3 5
```

⑥
```
    2 3 8
  ×   2 7
```

3 次の計算をしましょう。

①
```
    312
 ×   32
```

②
```
    127
 ×   53
```

③
```
    131
 ×   25
```

④
```
    104
 ×   68
```

⑤
```
    200
 ×   34
   8 0 0
   6 0 0
   6 8 0 0
```

⑥
```
    223
 ×   44
```

⑦
```
    162
 ×   58
```

⑧
```
    183
 ×   47
```

⑨
```
    503
 ×   12
```

⑩
```
    400
 ×   23
```

⑪
```
    233
 ×   39
```

⑫
```
    138
 ×   60
```

🐱 (2けた)×(2けた)と同じように筆算できるよ。
答えをかく場所に注意しようね。

1 675×28 を筆算でします。□にあてはまる数をかきましょう。

10点(1つ5)

```
    6 7 5          6 7 5          6 7 5
  ×   2 8   ⇨    ×   2 8   ⇨    ×   2 8      考え方
  5 4 0 0        5 4 0 0        5 4 0 0 …675× 8
                 1 3 5 0        1 3 5 0 0 …675×20
                                1 8 9 0 0
```

675に  8 　675に 2 　たす。
をかける。　　　をかける。

75
×28 と同じように
考えよう。

2 次の計算をしましょう。

30点(1つ5)

①
```
    7 4 3
  ×   2 5
    3 7 1 5
  1 4 8 6
  1 8 5 7 5
```
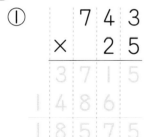

②
```
    4 1 8
  ×   6 7
```

③
```
    5 0 0
  ×   3 9
```

④
```
    2 3 7
  ×   4 6
```

⑤
```
    3 7 0
  ×   8 2
```

⑥
```
    6 0 9
  ×   9 1
```

3 次の計算をしましょう。

①
```
  123
×  87
```

②
```
  284
×  56
```

③
```
  238
×  67
```

④
```
  339
×  55
```

⑤
```
  700
×  44
```

⑥
```
  164
×  67
```

⑦
```
  172
×  59
```

⑧
```
  430
×  24
```

⑨
```
  196
×  65
```

⑩
```
  305
×  73
```

⑪
```
  209
×  92
```

⑫
```
  465
×  80
```

けた数の多い筆算になれたかな？
くり上がりや０のかけ算に注意して計算しようね。

20 まとめのテスト

1 次の計算を2とおりのしかたで計算します。□にあてはまる数をかきましょう。

16点(1つ2)

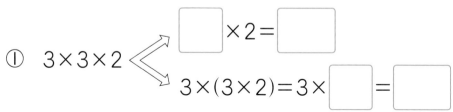

① 3×3×2 〈 □×2=□
3×(3×2)=3×□=□

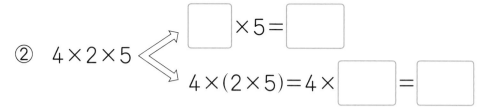

② 4×2×5 〈 □×5=□
4×(2×5)=4×□=□

2 次の計算を暗算でしましょう。

12点(1つ3)

① 13×2　　　　　② 21×3

③ 14×4　　　　　④ 18×5

3 次の計算をしましょう。

24点(1つ4)

① 9×60　　　　　② 32×30

③ 18×40　　　　　④ 40×70

⑤ 63×50　　　　　⑥ 95×20

4 次の計算をしましょう。

48点(1つ4)

① 　　42
　　×12

② 　　56
　　×15

③ 　　24
　　×30

④ 　　15
　　×67

⑤ 　　16
　　×82

⑥ 　　83
　　×29

⑦ 　 174
　×　53

⑧ 　 225
　×　37

⑨ 　 129
　×　70

⑩ 　 800
　×　78

⑪ 　 146
　×　69

⑫ 　 308
　×　52

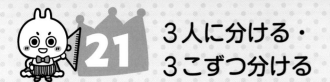

21 3人に分ける・3こずつ分ける

❶ 15このあめを、3人に同じ数ずつ分けます。1人分は何こになりますか。□にあてはまる数をかきましょう。　　　18点(1つ6)

1人分をもとめる式は、

15÷3

> このような計算をわり算というよ。

これは□×3＝15 の□にあてはまる数をもとめることだから、

$\boxed{5} \times 3 = 15$ から、$15 \div 3 = \boxed{}$　　　答え $\boxed{}$ こ

 > $\boxed{1} \times 3 = 3$、$\boxed{2} \times 3 = 6$、$\boxed{3} \times 3 = 9$、$\boxed{4} \times 3 = 12$、$\boxed{5} \times 3 = 15$ だから……

> □×3＝3×□と考えると、3のだんの九九を使ってもとめられます。

❷ 12このいちごを、1人に3こずつ分けます。何人に分けられますか。□にあてはまる数をかきましょう。　　　18点(1つ6)

分けられる人数をもとめる式は、

12÷3

これは 3×□＝12 の□にあてはまる数をもとめることだから、

$3 \times \boxed{4} = 12$ から、$12 \div 3 = \boxed{}$　　　答え $\boxed{}$ 人

3 次のわり算の答えは、何のだんの九九を使ってもとめればよいですか。また、答えをもとめましょう。

32点(( )1つ2)

① 8÷2

( )のだん　答え( )

② 30÷5

( )のだん　答え( )

③ 21÷7

( )のだん　答え( )

④ 40÷8

( )のだん　答え( )

⑤ 27÷3

( )のだん　答え( )

⑥ 12÷6

( )のだん　答え( )

⑦ 32÷4

( )のだん　答え( )

⑧ 81÷9

( )のだん　答え( )

4 18まいの色紙を、次の人数に同じ数ずつ分けます。1人分はそれぞれ何まいになりますか。

16点(式4・答え4)

① 2人　　式( )　　答え( )

② 3人　　式( )　　答え( )

5 24cmのテープを、次の長さずつに切ります。それぞれ何本になりますか。

16点(式4・答え4)

① 4cm　　式( )　　答え( )

② 8cm　　式( )　　答え( )

1人分の数をもとめたり、何人に分けられるかをもとめたりするときは、わり算を使うよ。

月　日　　時　分〜　時　分

名前

点

❶ 次の計算をしましょう。　　　　　　　　　46点(1つ2)

① 6÷2 = 3

② 15÷3

③ 20÷5

④ 24÷8

⑤ 28÷4

⑥ 12÷2

⑦ 21÷7

⑧ 18÷6

⑨ 27÷3

⑩ 16÷4

⑪ 42÷6

⑫ 45÷5

⑬ 48÷8

⑭ 10÷2

⑮ 18÷3

⑯ 14÷7

⑰ 16÷2

⑱ 36÷9

⑲ 24÷4

⑳ 56÷8

㉑ 35÷5

㉒ 49÷7

㉓ 72÷9

❷ 次の計算をしましょう。

① $20 \div 4$

② $18 \div 2$

③ $35 \div 7$

④ $48 \div 6$

⑤ $45 \div 9$

⑥ $21 \div 3$

⑦ $14 \div 2$

⑧ $32 \div 8$

⑨ $9 \div 3$

⑩ $54 \div 6$

⑪ $15 \div 5$

⑫ $36 \div 4$

⑬ $8 \div 4$

⑭ $25 \div 5$

⑮ $24 \div 6$

⑯ $56 \div 7$

⑰ $64 \div 8$

⑱ $63 \div 9$

わる数のだんの九九を使って、答えをもとめよう。

23 わり算 ②

1 次の計算をしましょう。　　　　　　　　　　　　46点(1つ2)

① 6÷3　　　　　　　② 14÷2

③ 15÷5　　　　　　　④ 36÷6

⑤ 8÷2　　　　　　　⑥ 18÷9

⑦ 40÷8　　　　　　　⑧ 32÷4

⑨ 24÷6　　　　　　　⑩ 21÷3

⑪ 36÷4　　　　　　　⑫ 28÷7

⑬ 27÷9　　　　　　　⑭ 30÷5

⑮ 12÷6　　　　　　　⑯ 36÷9

⑰ 45÷5　　　　　　　⑱ 18÷3

⑲ 12÷4　　　　　　　⑳ 10÷2

㉑ 49÷7　　　　　　　㉒ 72÷8

㉓ 42÷7

2 次の計算をしましょう。 54点（1つ3）

① 10÷5

② 8÷4

③ 12÷3

④ 56÷7

⑤ 14÷7

⑥ 24÷3

⑦ 30÷6

⑧ 40÷5

⑨ 4÷2

⑩ 54÷9

⑪ 64÷8

⑫ 24÷4

⑬ 81÷9

⑭ 18÷2

⑮ 28÷4

⑯ 16÷8

⑰ 63÷7

⑱ 48÷6

まちがえた問題は、くり返し練習しよう。

24 1や0のわり算

1 次の数のクッキーを、4人に同じ数ずつ分けます。1人分は
それぞれ何こになりますか。□にあてはまる数をかきましょう。

18点(1つ3)

① 4こ

1人分をもとめる式は、4÷4

これは、□×4＝4 の□にあてはまる数をもとめることだから、

$\boxed{1}$ ×4＝4 から、4÷4＝$\boxed{}$ 　　　　答え $\boxed{}$ こ

> □×4＝4×□ と考えると、
> 4のだんの九九を使ってもとめられるよ。

② 0こ

1人分をもとめる式は、0÷4

これは、□×4＝0 の□にあてはまる数をもとめることだから、

$\boxed{0}$ ×4＝0 から、0÷4＝$\boxed{}$ 　　　　答え $\boxed{}$ こ

> これも、4×□＝0 と考えて……

> 0を、0でないどんな数で
> わっても、答えは0になります。

2 5÷1 の計算をします。□にあてはまる数をかきましょう。

10点(1つ5)

□×1＝1×□ だから、1×□＝5 の□にあてはまる数を
もとめます。

$\boxed{}$ のだんの九九を使って、答えは $\boxed{}$

3 次の計算をしましょう。　　　　　　　　72点(1つ3)

① $5 \div 5 = 1$

② $0 \div 3 = 0$

③ $2 \div 1 = 2$

④ $2 \div 2$

⑤ $3 \div 3$

⑥ $8 \div 1$

⑦ $1 \div 1$

⑧ $0 \div 5$

⑨ $0 \div 6$

⑩ $4 \div 1$

⑪ $7 \div 1$

⑫ $9 \div 9$

⑬ $0 \div 9$

⑭ $3 \div 1$

⑮ $8 \div 8$

⑯ $6 \div 1$

⑰ $0 \div 7$

⑱ $0 \div 8$

⑲ $6 \div 6$

⑳ $5 \div 1$

㉑ $0 \div 2$

㉒ $7 \div 7$

㉓ $9 \div 1$

㉔ $0 \div 1$

わられる数が0のときも、わり算ができるね。

48

わり算 ③

1 次の計算をしましょう。　　　　　　　　　　46点(1つ2)

① 9÷3

② 12÷4

③ 35÷7

④ 42÷6

⑤ 6÷6

⑥ 27÷3

⑦ 40÷8

⑧ 14÷2

⑨ 0÷3

⑩ 45÷9

⑪ 24÷4

⑫ 7÷1

⑬ 12÷2

⑭ 0÷5

⑮ 15÷5

⑯ 28÷7

⑰ 49÷7

⑱ 32÷8

⑲ 63÷9

⑳ 4÷4

㉑ 1÷1

㉒ 54÷9

㉓ 56÷8

❷ 次の計算をしましょう。

① $32 \div 4$

② $2 \div 2$

③ $54 \div 6$

④ $18 \div 3$

⑤ $6 \div 3$

⑥ $5 \div 1$

⑦ $9 \div 1$

⑧ $45 \div 5$

⑨ $10 \div 5$

⑩ $18 \div 9$

⑪ $42 \div 7$

⑫ $24 \div 6$

⑬ $0 \div 2$

⑭ $48 \div 8$

⑮ $72 \div 9$

⑯ $0 \div 4$

⑰ $8 \div 8$

⑱ $14 \div 7$

わる数のだんの九九を使って、答えをもとめよう。

26 わり算 ④

❶ 次の計算をしましょう。　　　　46点(1つ2)

① 20÷5

② 12÷3

③ 18÷6

④ 64÷8

⑤ 3÷3

⑥ 8÷2

⑦ 16÷8

⑧ 0÷7

⑨ 30÷6

⑩ 18÷9

⑪ 24÷3

⑫ 5÷5

⑬ 27÷9

⑭ 21÷7

⑮ 10÷2

⑯ 2÷1

⑰ 28÷4

⑱ 36÷4

⑲ 56÷7

⑳ 48÷6

㉑ 35÷5

㉒ 81÷9

㉓ 0÷8

❷ 次の計算をしましょう。

① 16÷2

② 20÷4

③ 30÷5

④ 3÷1

⑤ 24÷8

⑥ 7÷7

⑦ 36÷6

⑧ 40÷5

⑨ 8÷4

⑩ 18÷2

⑪ 15÷3

⑫ 21÷3

⑬ 4÷1

⑭ 12÷6

⑮ 63÷7

⑯ 72÷8

⑰ 9÷9

⑱ 0÷9

0を、0でないどんな数でわっても、答えは0になるよ。

27 まとめのテスト

1 　6mのリボンを、次の人数に同じ長さずつ分けます。1人分は
それぞれ何mになりますか。
　　　　　　　　　　　　　　　　　　　　　　　20点(式5・答え5)

① 　3人　　　　式(　　　　　　　　　)　　答え(　　　　　)

② 　6人　　　　式(　　　　　　　　　)　　答え(　　　　　)

2 　8このみかんを、次の数ずつ配ります。それぞれ何人に配ること
ができますか。
　　　　　　　　　　　　　　　　　　　　　　　20点(式5・答え5)

① 　2こ　　　　式(　　　　　　　　　)　　答え(　　　　　)

② 　1こ　　　　式(　　　　　　　　　)　　答え(　　　　　)

3 　次のわり算の答えは、何のだんの九九を使ってもとめればよい
ですか。また、答えをもとめましょう。
　　　　　　　　　　　　　　　　　　　　24点(( )1つ2)

① 　20÷4　　　　　　　② 　14÷2

　(　　)のだん　答え(　　)　(　　)のだん　答え(　　)

③ 　3÷3　　　　　　　④ 　15÷5

　(　　)のだん　答え(　　)　(　　)のだん　答え(　　)

⑤ 　54÷6　　　　　　　⑥ 　7÷1

　(　　)のだん　答え(　　)　(　　)のだん　答え(　　)

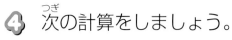

4 次の計算をしましょう。

① 12÷2　　② 18÷3

③ 0÷5　　④ 16÷4

⑤ 40÷8　　⑥ 24÷6

⑦ 21÷7　　⑧ 72÷9

⑨ 28÷4　　⑩ 45÷5

⑪ 1÷1　　⑫ 16÷2

⑬ 27÷3　　⑭ 49÷7

⑮ 36÷9　　⑯ 9÷1

⑰ 42÷6　　⑱ 56÷8

28 答えが何十になる わり算

月　日　時　分〜　時　分
名前
点

1 次の計算をしましょう。　　　　　　　　　　　32点(1つ4)

① 30÷3 = 10

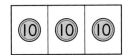

 30は10が3こだから、
30÷3は、10が(3÷3)こだね。

3×□=30と
考えてもよいです。

② 50÷5

③ 40÷4

④ 80÷8

⑤ 70÷7

⑥ 60÷6

⑦ 20÷2

⑧ 90÷9

2 次の計算をしましょう。　　　　　　　　　　　12点(1つ2)

① 40÷2 = 20

40は10が4こだから、
40÷2は、10が(4÷2)こだね。

② 80÷2

③ 80÷4

④ 60÷3

⑤ 60÷2

⑥ 90÷3

3 次の計算をしましょう。　　　　　　　　　　　

① 40÷4　　　　　　② 60÷2

③ 50÷5　　　　　　④ 80÷4

⑤ 80÷8　　　　　　⑥ 40÷2

⑦ 60÷3　　　　　　⑧ 90÷9

⑨ 60÷6　　　　　　⑩ 80÷2

⑪ 90÷3　　　　　　⑫ 30÷3

⑬ 20÷2　　　　　　⑭ 70÷7

わられる数が何十のときは、10の何こ分かを考えよう。

月　日　時　分〜　時　分

名前

点

1 次の計算をしましょう。　　　　　　　　　　　　28点(1つ2)

① 24÷2

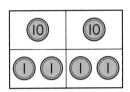

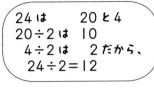

24 は　　20 と 4
20÷2 は　10
4÷2 は　　2 だから、
24÷2＝12

② 39÷3　　　　　　　　③ 84÷4

④ 55÷5　　　　　　　　⑤ 46÷2

⑥ 88÷2　　　　　　　　⑦ 63÷3

⑧ 44÷4　　　　　　　　⑨ 28÷2

⑩ 84÷2　　　　　　　　⑪ 66÷6

⑫ 33÷3　　　　　　　　⑬ 96÷3

⑭ 68÷2

2 次の計算をしましょう。

① 26÷2

② 86÷2

③ 36÷3

④ 48÷4

⑤ 42÷2

⑥ 66÷3

⑦ 88÷8

⑧ 44÷2

⑨ 48÷2

⑩ 64÷2

⑪ 99÷3

⑫ 69÷3

⑬ 77÷7

⑭ 82÷2

⑮ 62÷2

⑯ 93÷3

⑰ 88÷4

⑱ 99÷9

わられる数が2けたのときは、十の位と一の位に分けて計算しよう。

① 14本のえん筆を、1人に4本ずつ分けます。何人に分けられて、何本あまりますか。□にあてはまる数をかきましょう。　18点(1つ2)

もとめる式は、 $\boxed{14} \div \boxed{4}$ だから、$\boxed{}$ のだんの九九を使って答えをもとめます。

$\boxed{} \div \boxed{} = \boxed{3}$ あまり $\boxed{2}$

答え $\boxed{}$ 人に分けられて、$\boxed{}$ 本あまる。

$4 \times \boxed{3} = 12$
$4 \times \boxed{4} = 16$
14をこえた
から……

② 次の計算をしましょう。　36点(1つ3)

①　$7 \div 3 = 2$ あまり 1

②　$31 \div 4$

③　$34 \div 5$

④　$5 \div 2$

⑤　$29 \div 6$

⑥　$20 \div 7$

⑦　$43 \div 9$

⑧　$25 \div 3$

⑨　$30 \div 8$

⑩　$44 \div 5$

⑪　$53 \div 6$

⑫　$71 \div 9$

あまりは、かならず
わる数より小さくなるよ。

3 次の計算をしましょう。

① $11 \div 2$

② $5 \div 3$

③ $15 \div 6$

④ $17 \div 8$

⑤ $9 \div 8$

⑥ $46 \div 5$

⑦ $26 \div 9$

⑧ $47 \div 6$

⑨ $23 \div 3$

⑩ $9 \div 4$

⑪ $19 \div 5$

⑫ $22 \div 6$

⑬ $30 \div 7$

⑭ $41 \div 7$

⑮ $37 \div 4$

⑯ $7 \div 2$

⑰ $50 \div 9$

⑱ $62 \div 9$

⑲ $41 \div 8$

⑳ $60 \div 8$

㉑ $10 \div 4$

㉒ $64 \div 7$

㉓ $80 \div 9$

あまりがないときは、「わり切れる」といい、あまりがあるときは、「わり切れない」というよ。

31 あまりのあるわり算 ①

月　日　時　分〜　時　分
名前
点

❶ 次の計算をしましょう。　54点(1つ3)

① 11÷5 　　　　② 9÷2

③ 20÷3 　　　　④ 26÷4

⑤ 35÷6 　　　　⑥ 34÷8

⑦ 7÷4 　　　　⑧ 50÷6

⑨ 13÷2 　　　　⑩ 58÷9

⑪ 39÷9 　　　　⑫ 14÷5

⑬ 17÷7 　　　　⑭ 25÷6

⑮ 18÷4 　　　　⑯ 59÷7

⑰ 71÷8 　　　　⑱ 29÷3

❷ 次の計算をしましょう。

① $22 \div 5$

② $16 \div 3$

③ $3 \div 2$

④ $30 \div 4$

⑤ $20 \div 8$

⑥ $19 \div 7$

⑦ $34 \div 9$

⑧ $11 \div 6$

⑨ $13 \div 4$

⑩ $51 \div 8$

⑪ $40 \div 6$

⑫ $60 \div 9$

⑬ $23 \div 4$

⑭ $15 \div 2$

⑮ $9 \div 7$

⑯ $28 \div 3$

⑰ $37 \div 5$

⑱ $13 \div 9$

⑲ $11 \div 3$

⑳ $41 \div 5$

㉑ $21 \div 9$

㉒ $61 \div 7$

㉓ $62 \div 8$

🐺 わる数のだんの九九を使って考えよう。
あまりは、わる数より小さくなるよ。

月　日　　時　分〜　時　分

名前

点

1 次の計算をしましょう。　　　　　　　　　　　54点(1つ3)

① 5÷2

② 11÷4

③ 32÷6

④ 4÷3

⑤ 18÷5

⑥ 24÷7

⑦ 31÷8

⑧ 8÷6

⑨ 16÷9

⑩ 49÷5

⑪ 26÷3

⑫ 17÷2

⑬ 45÷6

⑭ 7÷5

⑮ 39÷4

⑯ 65÷8

⑰ 58÷7

⑱ 47÷9

❷ 次の計算をしましょう。

① $14 \div 3$

② $11 \div 2$

③ $39 \div 5$

④ $10 \div 4$

⑤ $27 \div 4$

⑥ $15 \div 8$

⑦ $13 \div 6$

⑧ $20 \div 9$

⑨ $22 \div 3$

⑩ $48 \div 7$

⑪ $19 \div 2$

⑫ $28 \div 5$

⑬ $35 \div 4$

⑭ $8 \div 3$

⑮ $10 \div 7$

⑯ $55 \div 6$

⑰ $65 \div 9$

⑱ $54 \div 7$

⑲ $49 \div 8$

⑳ $33 \div 9$

㉑ $20 \div 6$

㉒ $76 \div 8$

㉓ $82 \div 9$

くり返し練習して、あまりのあるわり算になれよう。

月　日　　時　分〜　時　分

名前

点

1 次の計算をしましょう。

54点(1つ3)

① 14÷2

② 8÷3

③ 19÷4

④ 25÷5

⑤ 21÷3

⑥ 27÷6

⑦ 7÷7

⑧ 11÷8

⑨ 50÷8

⑩ 36÷4

⑪ 45÷9

⑫ 19÷2

⑬ 9÷5

⑭ 28÷7

⑮ 65÷7

⑯ 72÷8

⑰ 42÷6

⑱ 70÷9

ここからは、あまりのないわり算もあるよ。

② 次の計算をしましょう。

① $10 \div 3$

② $12 \div 2$

③ $45 \div 5$

④ $17 \div 4$

⑤ $30 \div 9$

⑥ $41 \div 6$

⑦ $28 \div 4$

⑧ $8 \div 5$

⑨ $8 \div 1$

⑩ $57 \div 9$

⑪ $9 \div 2$

⑫ $14 \div 7$

⑬ $23 \div 6$

⑭ $15 \div 3$

⑮ $63 \div 9$

⑯ $70 \div 8$

⑰ $35 \div 8$

⑱ $3 \div 3$

⑲ $16 \div 4$

⑳ $38 \div 7$

㉑ $56 \div 8$

㉒ $48 \div 6$

㉓ $50 \div 7$

あまりの大きさに注意しよう。

月　日　　時　分〜　時　分

名前

点

1 次の計算をしましょう。　　　　　　　54点(1つ3)

① 8÷2

② 21÷4

③ 11÷7

④ 39÷6

⑤ 24÷4

⑥ 13÷3

⑦ 47÷5

⑧ 42÷7

⑨ 56÷7

⑩ 10÷5

⑪ 40÷9

⑫ 19÷8

⑬ 27÷3

⑭ 2÷2

⑮ 48÷8

⑯ 9÷6

⑰ 49÷6

⑱ 72÷9

❷ 次の計算をしましょう。

右上 46点（1つ2）

① $6 \div 4$

② $35 \div 5$

③ $12 \div 3$

④ $26 \div 8$

⑤ $13 \div 2$

⑥ $18 \div 7$

⑦ $49 \div 7$

⑧ $17 \div 3$

⑨ $43 \div 5$

⑩ $4 \div 1$

⑪ $36 \div 6$

⑫ $18 \div 2$

⑬ $14 \div 8$

⑭ $7 \div 6$

⑮ $5 \div 5$

⑯ $32 \div 4$

⑰ $54 \div 9$

⑱ $40 \div 7$

⑲ $16 \div 6$

⑳ $34 \div 9$

㉑ $63 \div 7$

㉒ $64 \div 8$

㉓ $86 \div 9$

まちがえた問題は、くり返し練習しよう。

答えのたしかめ

❶ わり算の答えをたしかめます。□にあてはまる数をかきましょう。

24点(1つ3)

① 17÷5＝3あまり2

たしかめ ⇨ $5 \times 3 + 2 = 17$

たしかめの計算の答えは、わられる数と同じになるよ。

② 33÷4＝8あまり1

たしかめ ⇨ □ × □ + □ = □

❷ 計算をして、答えをたしかめましょう。

28点(答え2・たしかめ2)

　　　　　　　　　［答え］　　　　　　　　　　　［たしかめ］

① 15÷2 ＝7あまり1　（ 2×7+1＝15 ）

② 22÷4　　　　　　（　　　　　　　　　）

③ 34÷7　　　　　　（　　　　　　　　　）

④ 5÷3　　　　　　（　　　　　　　　　）

⑤ 44÷6　　　　　　（　　　　　　　　　）

⑥ 52÷9　　　　　　（　　　　　　　　　）

⑦ 78÷8　　　　　　（　　　　　　　　　）

❸ 計算をして、答えをたしかめましょう。

　　　　　　　　　　[答え]　　　　　　　　　[たしかめ]

① 26÷3　　　　　　　　　(　　　　　　　　　　　)

② 19÷9　　　　　　　　　(　　　　　　　　　　　)

③ 10÷6　　　　　　　　　(　　　　　　　　　　　)

④ 33÷5　　　　　　　　　(　　　　　　　　　　　)

⑤ 17÷2　　　　　　　　　(　　　　　　　　　　　)

⑥ 52÷8　　　　　　　　　(　　　　　　　　　　　)

⑦ 42÷5　　　　　　　　　(　　　　　　　　　　　)

⑧ 37÷7　　　　　　　　　(　　　　　　　　　　　)

⑨ 28÷9　　　　　　　　　(　　　　　　　　　　　)

⑩ 18÷8　　　　　　　　　(　　　　　　　　　　　)

⑪ 38÷4　　　　　　　　　(　　　　　　　　　　　)

⑫ 60÷7　　　　　　　　　(　　　　　　　　　　　)

あまりのあるわり算は、計算まちがいをしやすいから、答えの
たしかめをすることはたいせつだよ。

36 まとめのテスト

1 次の計算をしましょう。　　　　　　　　　　　16点(1つ2)

① 60÷2　　　　　② 40÷4

③ 90÷3　　　　　④ 50÷5

⑤ 70÷7　　　　　⑥ 60÷3

⑦ 80÷4　　　　　⑧ 90÷9

2 次の計算をしましょう。　　　　　　　　　　　16点(1つ2)

① 22÷2　　　　　② 84÷4

③ 36÷3　　　　　④ 55÷5

⑤ 44÷2　　　　　⑥ 68÷2

⑦ 88÷8　　　　　⑧ 96÷3

3 次の計算をしましょう。 32点(1つ4)

① $7 \div 2$

② $26 \div 6$

③ $16 \div 3$

④ $32 \div 5$

⑤ $25 \div 9$

⑥ $8 \div 7$

⑦ $15 \div 4$

⑧ $37 \div 8$

4 計算をして、答えをたしかめましょう。 18点(答え3・たしかめ3)

[答え]　　　　　　　　　　[たしかめ]

① $52 \div 6$ （　　　　　　　　　　）

② $23 \div 5$ （　　　　　　　　　　）

③ $79 \div 8$ （　　　　　　　　　　）

5 次の計算の答えが、正しければ○を、まちがっていれば正しい答えをかきましょう。 18点(1つ6)

① $34 \div 4 = 8 あまり 2$ （　　　　　　　　　　）

② $61 \div 9 = 7 あまり 2$ （　　　　　　　　　　）

③ $30 \div 7 = 3 あまり 9$ （　　　　　　　　　　）

37 しあげのテスト 1

月　日　目標 時間 **15** 分

名前

点

1 次の計算をしましょう。 12点(1つ2)

① 0×3

② 7×0

③ 4×10

④ 10×6

⑤ 70×2

⑥ 800×5

2 次の計算をしましょう。 48点(1つ4)

①
```
   21
×   3
```

②
```
   12
×   6
```

③
```
   45
×   2
```

④
```
   82
×   4
```

⑤
```
   68
×   3
```

⑥
```
   75
×   8
```

⑦
```
  234
×   2
```

⑧
```
  105
×   6
```

⑨
```
  113
×   8
```

⑩
```
  183
×   6
```

⑪
```
  308
×   7
```

⑫
```
  560
×   9
```

3 次の計算を暗算でしましょう。　　　　　　　　　　3点(1つ1)

① 43×2　　　② 27×3　　　③ 14×5

4 次の計算をしましょう。　　　　　　　　　　　　5点(1つ1)

① 4×80　　　　　② 13×20

③ 15×60　　　　　④ 30×90

⑤ 75×20

5 次の計算をしましょう。　　　　　　　　　　　　32点(1つ2)

① $14 \div 2$　　　　　② $36 \div 4$

③ $0 \div 6$　　　　　④ $48 \div 6$

⑤ $32 \div 8$　　　　　⑥ $15 \div 5$

⑦ $4 \div 4$　　　　　⑧ $45 \div 9$

⑨ $28 \div 7$　　　　　⑩ $21 \div 3$

⑪ $9 \div 3$　　　　　⑫ $6 \div 1$

⑬ $42 \div 6$　　　　　⑭ $56 \div 7$

⑮ $54 \div 9$　　　　　⑯ $72 \div 8$

38 しあげのテスト2

1 次の計算をしましょう。　　　　　　　　　48点(1つ4)

① 　 16
　　×51

② 　 38
　　×17

③ 　 23
　　×40

④ 　 14
　　×72

⑤ 　 96
　　×13

⑥ 　 62
　　×98

⑦ 　123
　×　68

⑧ 　409
　×　24

⑨ 　226
　×　40

⑩ 　304
　×　76

⑪ 　465
　×　28

⑫ 　789
　×　60

2 次の計算をしましょう。

① $70 \div 7$

② $90 \div 3$

③ $22 \div 2$

④ $84 \div 4$

3 次の計算をしましょう。

① $11 \div 2$

② $12 \div 5$

③ $38 \div 6$

④ $24 \div 9$

⑤ $27 \div 7$

⑥ $7 \div 3$

⑦ $19 \div 3$

⑧ $23 \div 8$

⑨ $47 \div 8$

⑩ $9 \div 2$

⑪ $59 \div 6$

⑫ $62 \div 7$

⑬ $5 \div 4$

⑭ $28 \div 6$

⑮ $26 \div 5$

⑯ $35 \div 9$

⑰ $53 \div 8$

⑱ $29 \div 4$

⑲ $67 \div 9$

⑳ $55 \div 7$

★　わり算の筆算

64本のえん筆を、4人で同じ数ずつ分けます。1人分は何本になりますか。□にあてはまる数やことばをかきましょう。

1人分をもとめる式は、64÷4

64÷4の計算のしかたを考えます。

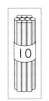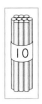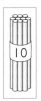

❶ 1人分1たば

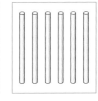

❷ 1人分6本

10のたば6つを
4人で分けると、
6÷4＝1あまり2
で、2たばあまります。

あまった2たばと4本を
あわせて24本。
これを4人で分けると、
24÷4＝6で、6本！

1人分のえん筆は、❶の1たばと❷の6本をあわせて、 16 本。

64÷4＝ 16 　　　　　　　　　答え 16 本

このような大きな数のわり算の答えは、筆算でもとめます。

＜わり算の筆算のしかた＞

$$4\overline{)64}$$

わり算の筆算では、左のようにかくよ。

$$4\overline{)64}^{\,1}$$ ⇨ $$4\overline{)64}^{\,1}$$ (4 ← 4×1, 2 ← 6−4) ⇨ $$4\overline{)64}^{\,1}$$ (4↓, 24) ⇨ $$4\overline{)64}^{\,16}$$ (4, 24, 24 ← 4×6, 0 ← 24−24)

6÷4で、
1を たてて

4に1を かけて 4

一の位の
4を おろす 。

24÷4で、
6を  たてて

6から4を ひいて 2

4に6を かけて 24

24から24を ひいて 0

たてて、かけて、ひいて、おろす のじゅんだね。おろすものが なくなったらおわりだよ。

★**1** 次の計算にちょうせんしてみましょう。

① 42÷3

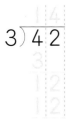
$$3\overline{)42}$$

② 65÷5

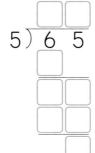
$$5\overline{)65}$$

③ 96÷8

$$8\overline{)96}$$

答え

3年の かけ算・わり算

1 2年生で習ったこと

❶
①4　②24　③28
④6　⑤56　⑥15
⑦8　⑧18　⑨18
⑩12　⑪14　⑫45
⑬24　⑭8　⑮6
⑯21　⑰54　⑱48
⑲25　⑳36　㉑32
㉒63　㉓40　㉔42
㉕72

❷
①9　②32　③1
④24　⑤5　⑥24
⑦72　⑧21　⑨8
⑩45　⑪28　⑫15
⑬16　⑭54　⑮30
⑯4　⑰6　⑱56
⑲6　⑳18　㉑42
㉒10　㉓48　㉔81
㉕49

🏠 おうちの方へ 2年生で習った九九は、計算のきそになります。しっかりおぼえましょう。

2 九九の表とかけ算

❶
①5　②5　③7

❷
①2　②5
③6　④7
⑤7　⑥8
⑦9　⑧4
⑨6　⑩2
⑪5　⑫6
⑬5　⑭6
⑮5　⑯6

❸
①6、2　②8、4

❹
①2　②5　③9
④7　⑤4　⑥7
⑦3　⑧7　⑨3
⑩5　⑪9　⑫6
⑬3　⑭4　⑮9
⑯8　⑰4　⑱6
⑲2　⑳9

🏠 おうちの方へ かけ算のきまりをりかいします。わからないときは、九九の表を見てたしかめましょう。
❶①② 5×7は、5×6より5大きくなり、5×8より5小さくなります。
③ かけられる数とかける数を入れかえても、答えは同じです。
❸② □×8＝8×□だから、8のだんの九九を使って答えをもとめます。

79

👑3 0、10のかけ算

❶ ①5、0　　　　②0、0

❷ ①0　　　②0　　　③0
　　④0　　　⑤0　　　⑥0
　　⑦0　　　⑧0　　　⑨0
　　⑩0　　　⑪0　　　⑫0
　　⑬0　　　⑭0　　　⑮0
　　⑯0　　　⑰0　　　⑱0

❸ ①6、60　　　　②10、60

❹ ①30　　　②90　　　③40
　　④80　　　⑤10　　　⑥50
　　⑦70　　　⑧40　　　⑨20
　　⑩80　　　⑪50　　　⑫90
　　⑬20　　　⑭30　　　⑮70
　　⑯10　　　⑰100

🏠 **おうちの方へ** 　かけられる数やかける
数のどちらかが0のときや、どちらも0
のとき、答えは全部0になります。

❶② 　□×6＝6×□です。0の6こ分と
　　考えると、0＋0＋0＋0＋0＋0＝0
　　です。

❸① 　6×10は、6×9より6大きくな
　　るから、6×10＝54＋6＝60
　　または、10の6こ分だから、
　　10＋10＋10＋10＋10＋10＝60

❹⑰ 　10の10こ分は、100です。

👑4 何十、何百のかけ算

❶ 4、3、12、120

❷ ①60　　　②200
　　③420　　　④180　　　⑤320
　　⑥300　　　⑦630　　　⑧150
　　⑨210　　　⑩120　　　⑪100
　　⑫810　　　⑬480　　　⑭240
　　⑮400　　　⑯90　　　⑰490
　　⑱160　　　⑲560　　　⑳720

❸ 6、2、12、1200

❹ ①600　　　②2000
　　③1800　　　④800　　　⑤4000
　　⑥1600　　　⑦4200　　　⑧1600
　　⑨2800　　　⑩3000　　　⑪1800
　　⑫2500　　　⑬6300　　　⑭1400
　　⑮5600　　　⑯4500　　　⑰2400
　　⑱3600　　　⑲6400　　　⑳2100

🏠 **おうちの方へ** 　何十、何百のかけ算は、
10円玉や100円玉を使って考えます。
❶ 　10が(4×3)こで12こだから、120
❸ 　100が(6×2)こで12こだから、
　1200

5 （2けた）×（1けた）の筆算①

❶ 6、9

❷
① 12
× 2
──
24

② 11
× 5
──
55

③ 13
× 3
──
39

④ 14
× 2
──
28

⑤ 31
× 2
──
62

⑥ 11
× 7
──
77

⑦ 20
× 2
──
40

⑧ 40
× 2
──
80

⑨ 23
× 3
──
69

⑩ 43
× 2
──
86

⑪ 21
× 4
──
84

⑫ 30
× 3
──
90

❸ 36、3、4、7

❹
① 14
× 3
──
42

② 17
× 4
──
68

③ 23
× 4
──
92

④ 12
× 7
──
84

⑤ 38
× 2
──
76

⑥ 12
× 5
──
60

⑦ 16
× 5
──
80

⑧ 47
× 2
──
94

⑨ 24
× 4
──
96

⑩ 18
× 4
──
72

⑪ 14
× 5
──
70

⑫ 26
× 3
──
78

🏠 おうちの方へ　かけ算の筆算では、❶位をそろえてかく。❷一の位からじゅんにかけていく。これら2つのことがたいせつです。

❸ くり上がりがある筆算では、くり上げた数を、十の位の答えのところに小さくかいておくとよいです。

❹⑥ 12
× 5 →
1 0

12
× 5
──
60

6 （2けた）×（1けた）の筆算②

❶ 9、15、百、1

❷
① 32
× 4
──
128

② 43
× 3
──
129

③ 91
× 4
──
364

④ 64
× 2
──
128

⑤ 51
× 2
──
102

⑥ 20
× 7
──
140

⑦ 90
× 8
──
720

⑧ 41
× 5
──
205

⑨ 83
× 3
──
249

⑩ 72
× 3
──
216

⑪ 42
× 4
──
168

⑫ 80
× 5
──
400

❸ 28、2、24、2、26、2

❹
① 22
× 6
──
132

② 78
× 3
──
234

③ 32
× 8
──
256

④ 29
× 8
──
232

⑤ 27
× 4
──
108

⑥ 45
× 6
──
270

⑦ 28
× 6
──
168

⑧ 42
× 5
──
210

⑨ 35
× 7
──
245

⑩ 39
× 3
──
117

⑪ 48
× 7
──
336

⑫ 25
× 8
──
200

🏠 おうちの方へ　百の位にもくり上がる筆算では、くり上げた数のたしわすれや0のかきわすれに注意しましょう。

❷⑤ 51
× 2 →
2

51
× 2
──
102

❹⑫ 25
× 8 →
4 0

25
× 8
──
200

81

1 8、4、2

2
①
$$\begin{array}{r} 242 \\ \times\quad 2 \\ \hline 484 \end{array}$$
②
$$\begin{array}{r} 324 \\ \times\quad 2 \\ \hline 648 \end{array}$$
③
$$\begin{array}{r} 312 \\ \times\quad 3 \\ \hline 936 \end{array}$$

④
$$\begin{array}{r} 203 \\ \times\quad 3 \\ \hline 609 \end{array}$$
⑤
$$\begin{array}{r} 410 \\ \times\quad 2 \\ \hline 820 \end{array}$$
⑥
$$\begin{array}{r} 220 \\ \times\quad 4 \\ \hline 880 \end{array}$$

⑦
$$\begin{array}{r} 302 \\ \times\quad 2 \\ \hline 604 \end{array}$$
⑧
$$\begin{array}{r} 143 \\ \times\quad 2 \\ \hline 286 \end{array}$$
⑨
$$\begin{array}{r} 421 \\ \times\quad 2 \\ \hline 842 \end{array}$$

⑩
$$\begin{array}{r} 401 \\ \times\quad 2 \\ \hline 802 \end{array}$$
⑪
$$\begin{array}{r} 231 \\ \times\quad 3 \\ \hline 693 \end{array}$$
⑫
$$\begin{array}{r} 130 \\ \times\quad 3 \\ \hline 390 \end{array}$$

3 1、1、7、3

4
①
$$\begin{array}{r} 137 \\ \times\quad 2 \\ \hline 274 \end{array}$$
②
$$\begin{array}{r} 124 \\ \times\quad 3 \\ \hline 372 \end{array}$$
③
$$\begin{array}{r} 182 \\ \times\quad 3 \\ \hline 546 \end{array}$$

④
$$\begin{array}{r} 208 \\ \times\quad 4 \\ \hline 832 \end{array}$$
⑤
$$\begin{array}{r} 109 \\ \times\quad 9 \\ \hline 981 \end{array}$$
⑥
$$\begin{array}{r} 235 \\ \times\quad 2 \\ \hline 470 \end{array}$$

⑦
$$\begin{array}{r} 247 \\ \times\quad 2 \\ \hline 494 \end{array}$$
⑧
$$\begin{array}{r} 118 \\ \times\quad 5 \\ \hline 590 \end{array}$$
⑨
$$\begin{array}{r} 121 \\ \times\quad 8 \\ \hline 968 \end{array}$$

⑩
$$\begin{array}{r} 315 \\ \times\quad 3 \\ \hline 945 \end{array}$$
⑪
$$\begin{array}{r} 451 \\ \times\quad 2 \\ \hline 902 \end{array}$$
⑫
$$\begin{array}{r} 106 \\ \times\quad 5 \\ \hline 530 \end{array}$$

🏠 **おうちの方へ** 一の位、十の位、百の位のじゅんにかけて、くり上がりに気をつけながら、答えをかいていきましょう。
2④ 答えを69としないようにします。
4③
$$\begin{array}{r} 182 \\ \times\quad 3 \\ \hline 6 \end{array} \rightarrow \begin{array}{r} 182 \\ \times\quad 3 \\ \hline {}^246 \end{array} \rightarrow \begin{array}{r} 182 \\ \times\quad 3 \\ \hline 546 \end{array}$$

1 4、4、1、6

2
①
$$\begin{array}{r} 123 \\ \times\quad 6 \\ \hline 738 \end{array}$$
②
$$\begin{array}{r} 118 \\ \times\quad 7 \\ \hline 826 \end{array}$$
③
$$\begin{array}{r} 243 \\ \times\quad 4 \\ \hline 972 \end{array}$$

④
$$\begin{array}{r} 175 \\ \times\quad 4 \\ \hline 700 \end{array}$$
⑤
$$\begin{array}{r} 146 \\ \times\quad 5 \\ \hline 730 \end{array}$$
⑥
$$\begin{array}{r} 135 \\ \times\quad 7 \\ \hline 945 \end{array}$$

⑦
$$\begin{array}{r} 158 \\ \times\quad 5 \\ \hline 790 \end{array}$$
⑧
$$\begin{array}{r} 129 \\ \times\quad 4 \\ \hline 516 \end{array}$$
⑨
$$\begin{array}{r} 379 \\ \times\quad 2 \\ \hline 758 \end{array}$$

⑩
$$\begin{array}{r} 136 \\ \times\quad 6 \\ \hline 816 \end{array}$$
⑪
$$\begin{array}{r} 287 \\ \times\quad 3 \\ \hline 861 \end{array}$$
⑫
$$\begin{array}{r} 125 \\ \times\quad 4 \\ \hline 500 \end{array}$$

3 1、1、1、19

4
①
$$\begin{array}{r} 576 \\ \times\quad 2 \\ \hline 1152 \end{array}$$
②
$$\begin{array}{r} 389 \\ \times\quad 3 \\ \hline 1167 \end{array}$$
③
$$\begin{array}{r} 508 \\ \times\quad 3 \\ \hline 1524 \end{array}$$

④
$$\begin{array}{r} 457 \\ \times\quad 3 \\ \hline 1371 \end{array}$$
⑤
$$\begin{array}{r} 235 \\ \times\quad 9 \\ \hline 2115 \end{array}$$
⑥
$$\begin{array}{r} 685 \\ \times\quad 2 \\ \hline 1370 \end{array}$$

⑦
$$\begin{array}{r} 305 \\ \times\quad 8 \\ \hline 2440 \end{array}$$
⑧
$$\begin{array}{r} 269 \\ \times\quad 4 \\ \hline 1076 \end{array}$$
⑨
$$\begin{array}{r} 789 \\ \times\quad 2 \\ \hline 1578 \end{array}$$

⑩
$$\begin{array}{r} 274 \\ \times\quad 5 \\ \hline 1370 \end{array}$$
⑪
$$\begin{array}{r} 567 \\ \times\quad 3 \\ \hline 1701 \end{array}$$
⑫
$$\begin{array}{r} 154 \\ \times\quad 7 \\ \hline 1078 \end{array}$$

🏠 **おうちの方へ** 一の位からじゅんに、ていねいに計算することがたいせつです。
4③
$$\begin{array}{r} 508 \\ \times\quad 3 \\ \hline {}^24 \end{array} \rightarrow \begin{array}{r} 508 \\ \times\quad 3 \\ \hline 24 \end{array} \rightarrow \begin{array}{r} 508 \\ \times\quad 3 \\ \hline 1524 \end{array}$$

答えを174としないようにします。

❶

① 12 × 4 = 48

② 11 × 9 = 99

③ 30 × 2 = 60

④ 14 × 7 = 98

⑤ 24 × 3 = 72

⑥ 25 × 2 = 50

⑦ 41 × 3 = 123

⑧ 21 × 5 = 105

⑨ 80 × 3 = 240

⑩ 60 × 5 = 300

⑪ 32 × 9 = 288

⑫ 84 × 6 = 504

⑬ 36 × 5 = 180

⑭ 75 × 4 = 300

❷

① 214 × 2 = 428

② 403 × 2 = 806

③ 230 × 3 = 690

④ 219 × 3 = 657

⑤ 112 × 5 = 560

⑥ 306 × 3 = 918

⑦ 468 × 2 = 936

⑧ 236 × 4 = 944

⑨ 176 × 5 = 880

⑩ 117 × 6 = 702

⑪ 162 × 7 = 1134

⑫ 145 × 8 = 1160

⑬ 515 × 2 = 1030

⑭ 401 × 5 = 2005

⑮ 324 × 9 = 2916

⑯ 757 × 2 = 1514

⑰ 278 × 9 = 2502

⑱ 225 × 8 = 1800

🏠おうちの方へ くり上がりに注意して計算しましょう。

❶
① 5 ② 6 ③ 6 ④ 3

❷
① 9 ② 9 ③ 6
④ 3 ⑤ 8 ⑥ 6
⑦ 2 ⑧ 5

❸
① 0 ② 0 ③ 0
④ 60 ⑤ 90 ⑥ 100
⑦ 120 ⑧ 560 ⑨ 720
⑩ 600 ⑪ 4200 ⑫ 2000

❹
① 11 × 4 = 44

② 20 × 3 = 60

③ 49 × 2 = 98

④ 81 × 5 = 405

⑤ 60 × 8 = 480

⑥ 57 × 3 = 171

⑦ 34 × 9 = 306

⑧ 38 × 3 = 114

❺
① 213 × 3 = 639

② 123 × 4 = 492

③ 116 × 5 = 580

④ 467 × 2 = 934

⑤ 189 × 6 = 1134

⑥ 308 × 4 = 1232

⑦ 295 × 7 = 2065

⑧ 555 × 2 = 1110

🏠おうちの方へ まちがえた問題は、何回もやりなおしましょう。

🐰11 計算のじゅんじょと かけ算のきまり

❶ ①6、18　　②9、18

❷ ①3　②2　③4　④2

❸ ①8、16、4、16
　②10、20、10、20

❹ ①3×8=24
　②2×8=16
　③5×10=50

❺ ①80×(4×2)=80×8=640
　②70×(3×3)=70×9=630
　③39×(2×5)=39×10=390

おうちの方へ かけ算は、計算する
じゅんじょをかえても答えは同じになり
ます。

🐰12 暗 算

❶ ①10、2、10、20、2、4、24
　②20、4、20、60、4、12、72

❷ ①39　②28　③44
　④96　⑤78　⑥96
　⑦51　⑧30　⑨90

❸ ①48　②99　③88
　④84　⑤93　⑥36
　⑦69　⑧84　⑨68
　⑩75　⑪57　⑫32
　⑬54　⑭92　⑮72
　⑯92　⑰80　⑱60

おうちの方へ はじめに答えの見当を
つけると、計算まちがいに気づきやすく
なります。
❶② 二三が　6、60
　　四三　　　12
　　あわせて、　72

🐰13 何十をかけるかけ算

❶ 10、10、780

❷ ①210　②450
　③480　④460
　⑤870　⑥900
　⑦4200　⑧4000
　⑨1150　⑩3780
　⑪3710　⑫1800

❸ ①160　②280
　③840　④990
　⑤630　⑥770
　⑦720　⑧750
　⑨910　⑩300
　⑪5400　⑫2000
　⑬2960　⑭2680
　⑮7920　⑯1680
　⑰3400

おうちの方へ ❷① (3×7)を10倍
します。
⑨ 筆算で23×5を計算してから、
10倍してもよいです。

🐰14 答えが3けたになる (2けた)×(2けた)の筆算

❶ 2、1

❷
①
```
  23
× 13
  69
 23
 299
```
②
```
  22
× 14
  88
 22
 308
```
③
```
  14
× 67
  98
 84
 938
```
④
```
  31
× 28
 248
 62
 868
```
⑤
```
  20
× 46
 120
 80
 920
```
⑥
```
  47
× 16
 282
 47
 752
```

❸
① 41 ×21 / 41 / 82 / 861　② 31 ×22 / 62 / 62 / 682　③ 76 ×11 / 76 / 76 / 836

④ 27 ×12 / 54 / 27 / 324　⑤ 18 ×25 / 90 / 36 / 450　⑥ 30 ×23 / 90 / 60 / 690

⑦ 72 ×13 / 216 / 72 / 936　⑧ 45 ×19 / 405 / 45 / 855　⑨ 38 ×24 / 152 / 76 / 912

⑩ 26 ×37 / 182 / 78 / 962　⑪ 75 ×12 / 150 / 75 / 900　⑫ 60 ×16 / 360 / 60 / 960

🏠おうちの方へ 十の位の数をかけるときは、答えを左に1けたずらしてかくことに注意します。

❷⑤
$$20 \times 46 = 120 \rightarrow 120,\ 80 \rightarrow 120,\ 80,\ 920$$

👑15 答えが4けたになる（2けた）×（2けた）の筆算

❶ 4、3

❷
① 44 ×23 / 132 / 88 / 1012　② 54 ×19 / 486 / 54 / 1026　③ 39 ×32 / 78 / 117 / 1248

④ 86 ×34 / 344 / 258 / 2924　⑤ 30 ×65 / 150 / 180 / 1950　⑥ 70 ×47 / 490 / 280 / 3290

---

❸
① 48 ×29 / 432 / 96 / 1392　② 18 ×58 / 144 / 90 / 1044　③ 72 ×14 / 288 / 72 / 1008

④ 52 ×21 / 52 / 104 / 1092　⑤ 43 ×32 / 86 / 129 / 1376　⑥ 25 ×42 / 50 / 100 / 1050

⑦ 51 ×28 / 408 / 102 / 1428　⑧ 18 ×89 / 162 / 144 / 1602　⑨ 65 ×39 / 585 / 195 / 2535

⑩ 36 ×85 / 180 / 288 / 3060　⑪ 60 ×26 / 360 / 120 / 1560　⑫ 90 ×47 / 630 / 360 / 4230

🏠おうちの方へ かけ算の答えは、たてにきちんとそろえてかきましょう。

❷③
$$39 \times 32 = 78 \rightarrow 78,\ 117 \rightarrow 78,\ 117,\ 1248$$

❸⑪
$$60 \times 26 = 360 \rightarrow 360,\ 120 \rightarrow 360,\ 120,\ 1560$$

👑16 （2けた）×（2けた）の筆算

❶
① 42 ×21 / 42 / 84 / 882　② 26 ×23 / 78 / 52 / 598　③ 16 ×15 / 80 / 16 / 240

④
```
    13
  ×54
    52
   65
   702
```
⑤
```
    30
  ×33
    90
   90
   990
```

⑥
```
    29
  ×17
   203
   29
   493
```
⑦
```
    14
  ×39
   126
   42
   546
```
⑧
```
    62
  ×13
   186
   62
   806
```

⑨
```
    22
  ×28
   176
   44
   616
```
⑩
```
    50
  ×18
   400
   50
   900
```

❷ ①
```
    24
  ×43
    72
   96
  1032
```
②
```
    12
  ×85
    60
   96
  1020
```
③
```
    31
  ×38
   248
   93
  1178
```

④
```
    75
  ×14
   300
   75
  1050
```
⑤
```
    58
  ×19
   522
   58
  1102
```
⑥
```
    34
  ×82
    68
   272
  2788
```

⑦
```
    16
  ×75
    80
   112
  1200
```
⑧
```
    53
  ×24
   212
   106
  1272
```
⑨
```
    42
  ×34
   168
   126
  1428
```

⑩
```
    49
  ×43
   147
   196
  2107
```
⑪
```
    40
  ×57
   280
   200
  2280
```
⑫
```
    30
  ×69
   270
   180
  2070
```

🏠 **おうちの方へ** 答えをかく場所や0に
注意して、ていねいに計算しましょう。

👑 17 かけ算の筆算のくふう

❶ ①0、3　　②58、7

---

❷ ①
```
    67
  ×20
  1340
```
②
```
    82
  ×60
  4920
```
③
```
    94
  ×30
  2820
```

④
```
    29
  ×40
  1160
```
⑤
```
    38
  ×30
  1140
```
⑥
```
    36
  ×50
  1800
```

⑦
```
    48
  ×70
  3360
```
⑧
```
    58
  ×90
  5220
```
⑨
```
    75
  ×80
  6000
```

❸ ①
```
    14
  ×20
   280
```
②
```
    18
  ×30
   540
```
③
```
    13
  ×90
  1170
```

④
```
    58
  ×40
  2320
```
⑤
```
    35
  ×60
  2100
```
⑥
```
    76
  ×80
  6080
```

❹ ①51×20、
```
    51
  ×20
  1020
```

②29×70、
```
    29
  ×70
  2030
```

③48×6、
```
    48
  × 6
   288
```

④25×8、
```
    25
  × 8
   200
```

🏠 **おうちの方へ**　1だん目の00をはぶ
いたり、かけ算のきまりを使ったりする
と、筆算がかんたんになります。

❷⑨
```
    75          75
  ×80    →    ×80
   00        6000  ←1だん目の
  600              00をはぶく。
 6000
```

❹③
```
     6         48
  ×48    →    × 6
    48         288  ←かける数を1けたにして、
   24               1だんで答えをもとめる。
  288
```

👑18 答えが4けたになる（3けた）×（2けた）の筆算

❶ 4、2

❷
①
```
   135
×   44
   540
  540
  5940
```
②
```
   128
×   62
   256
  768
  7936
```
③
```
   102
×   45
   510
  408
  4590
```

④
```
   174
×   56
  1044
  870
  9744
```
⑤
```
   243
×   35
  1215
  729
  8505
```
⑥
```
   238
×   27
  1666
  476
  6426
```

❸
①
```
   312
×   32
   624
  936
  9984
```
②
```
   127
×   53
   381
  635
  6731
```
③
```
   131
×   25
   655
  262
  3275
```

④
```
   104
×   68
   832
  624
  7072
```
⑤
```
   200
×   34
   800
  600
  6800
```
⑥
```
   223
×   44
   892
  892
  9812
```

⑦
```
   162
×   58
  1296
  810
  9396
```
⑧
```
   183
×   47
  1281
  732
  8601
```
⑨
```
   503
×   12
  1006
  503
  6036
```

⑩
```
   400
×   23
  1200
  800
  9200
```
⑪
```
   233
×   39
  2097
  699
  9087
```
⑫
```
   138
×   60
  8280
```

🏠 おうちの方へ

かけられる数が大きくなっても、これまでと同じように筆算できます。

❷③
```
   102        102        102
×   45   →  ×   45   →  ×   45
   510        510        510
              408        408
                        4590
```

❸⑫
```
   138            138
×   60     →   ×   60
   000           8280   ←1だん目の
  828                     000をはぶく。
  8280
```

👑19 答えが5けたになる（3けた）×（2けた）の筆算

❶ 8、2

❷
①
```
   743
×   25
  3715
 1486
 18575
```
②
```
   418
×   67
  2926
 2508
 28006
```
③
```
   500
×   39
  4500
 1500
 19500
```

④
```
   237
×   46
  1422
  948
 10902
```
⑤
```
   370
×   82
   740
 2960
 30340
```
⑥
```
   609
×   91
   609
 5481
 55419
```

❸
①
```
   123
×   87
   861
  984
 10701
```
②
```
   284
×   56
  1704
 1420
 15904
```
③
```
   238
×   67
  1666
 1428
 15946
```

④
```
   339
×   55
  1695
 1695
 18645
```
⑤
```
   700
×   44
  2800
 2800
 30800
```
⑥
```
   164
×   67
  1148
  984
 10988
```

⑦
```
   172
×   59
  1548
  860
 10148
```
⑧
```
   430
×   24
  1720
  860
 10320
```
⑨
```
   196
×   65
   980
 1176
 12740
```

⑩
```
    305
×    73
    915
  2135
 22265
```
⑪
```
    209
×    92
    418
 1881
19228
```
⑫
```
    465
×    80
 37200
```

⑦
```
   174
×   53
   522
  870
 9222
```
⑧
```
   225
×   37
  1575
  675
 8325
```
⑨
```
   129
×   70
  9030
```

⑩
```
    800
×    78
   6400
  5600
 62400
```
⑪
```
    146
×    69
   1314
   876
 10074
```
⑫
```
    308
×    52
    616
  1540
 16016
```

🏠 **おうちの方へ** 0に注意して計算しましょう。

❷⑥
```
    609        609        609
×    91   →  ×    91   →  ×    91
    609        609        609
              5481       5481
                        55419
```

❸⑤
```
    700        700        700
×    44   →  ×    44   →  ×    44
   2800       2800       2800
              2800       2800
                        30800
```

👑 20 まとめのテスト

🏠 **おうちの方へ** ❶ かけ算では、計算するじゅんじょをかえても答えは同じになります。

❷ かけ算の暗算は、十の位からじゅんに計算します。

❸⑥ (95×2)を10倍した数になります。0の数に注意しましょう。

❹ 十の位の数をかけるとき、答えを左に1けたずらしてかきます。たてにきちんとそろえてかきましょう。

⑨
```
    129            129
×    70     →   ×    70
   000           9030   ←1だん目の
  903                    000をはぶく。
  9030
```

❶ ①9、18、6、18
　②8、40、10、40

❷ ①26　　　　　②63
　③56　　　　　④90

❸ ①540　　　　②960
　③720　　　　④2800
　⑤3150　　　　⑥1900

❹ ①
```
    42
×   12
    84
   42
  504
```
②
```
    56
×   15
   280
   56
  840
```
③
```
    24
×   30
   720
```

④
```
    15
×   67
   105
   90
  1005
```
⑤
```
    16
×   82
    32
  128
  1312
```
⑥
```
    83
×   29
   747
   166
  2407
```

21 3人に分ける・3こずつ分ける

1 5、5、5

2 4、4、4

3 ①2、4　　②5、6
　　③7、3　　④8、5
　　⑤3、9　　⑥6、2
　　⑦4、8　　⑧9、9

4 ①式　18÷2=9
　　　　　　　答え　9まい
　　②式　18÷3=6
　　　　　　　答え　6まい

5 ①式　24÷4=6
　　　　　　　答え　6本
　　②式　24÷8=3
　　　　　　　答え　3本

🏠 **おうちの方へ**　ものを同じ数ずつ分けたり、1人分の数をもとめるときは、わり算を使います。わり算の答えは、わる数のだんの九九を使ってもとめます。
1 1人分の数×3=15 だから、1人分の数は、□×3=15 の□にあてはまる数と同じになります。
3×□=15 と考えて、3のだんの九九を使って答えをもとめます。
3 何のだんの九九を使うかは、わる数できまります。
4① 1人分の数×2=18 だから、1人分の数は、2のだんの九九を使ってもとめます。
5① 4×本数=24 だから、本数は、4のだんの九九を使ってもとめます。

22 わり算①

1 ①3　②5
　　③4　④3
　　⑤7　⑥6
　　⑦3　⑧3
　　⑨9　⑩4
　　⑪7　⑫9
　　⑬6　⑭5
　　⑮6　⑯2
　　⑰8　⑱4
　　⑲6　⑳7
　　㉑7　㉒7
　　㉓8

2 ①5　②9
　　③5　④8
　　⑤5　⑥7
　　⑦7　⑧4
　　⑨3　⑩9
　　⑪3　⑫9
　　⑬2　⑭5
　　⑮4　⑯8
　　⑰8　⑱7

🏠 **おうちの方へ**　わる数のだんの九九を使って、わり算の答えをもとめます。

23 わり算②

1 ①2　②7
　　③3　④6
　　⑤4　⑥2
　　⑦5　⑧8
　　⑨4　⑩7
　　⑪9　⑫4
　　⑬3　⑭6
　　⑮2　⑯4
　　⑰9　⑱6
　　⑲3　⑳5
　　㉑7　㉒9
　　㉓6

2 ①2　②2
　　③4　④8
　　⑤2　⑥8
　　⑦5　⑧8
　　⑨2　⑩6
　　⑪8　⑫6
　　⑬9　⑭9
　　⑮7　⑯2
　　⑰9　⑱8

🏠 **おうちの方へ**　わり算のきほんとなります。くり返し練習しましょう。

24 1や0のわり算

1 ①1、1、1　　②0、0、0

2 1、5

3
①1	②0
③2	④1
⑤1	⑥8
⑦1	⑧0
⑨0	⑩4
⑪7	⑫1
⑬0	⑭3
⑮1	⑯6
⑰0	⑱0
⑲1	⑳5
㉑0	㉒1
㉓9	㉔0

🏠 **おうちの方へ**　0を、0でないどんな数でわっても、答えはいつも0になります。

25 わり算③

1
①3	②3		①8	②1
③5	④7		③9	④6
⑤1	⑥9		⑤2	⑥5
⑦5	⑧7		⑦9	⑧9
⑨0	⑩5		⑨2	⑩2
⑪6	⑫7		⑪6	⑫4
⑬6	⑭0		⑬0	⑭6
⑮3	⑯4		⑮8	⑯0
⑰7	⑱4		⑰1	⑱2
⑲7	⑳1			
㉑1	㉒6			
㉓7				

🏠 **おうちの方へ**　1でわると、答えはわられる数と同じになります。

26 わり算④

1
		2		
①4	②4		①8	②5
③3	④8		③6	④3
⑤1	⑥4		⑤3	⑥1
⑦2	⑧0		⑦6	⑧8
⑨5	⑩2		⑨2	⑩9
⑪8	⑫1		⑪5	⑫7
⑬3	⑭3		⑬4	⑭2
⑮5	⑯2		⑮9	⑯9
⑰7	⑱9		⑰1	⑱0
⑲8	⑳8			
㉑7	㉒9			
㉓0				

🏠 **おうちの方へ**　まちがえた問題は、くり返し練習しましょう。

27 まとめのテスト

1
①式　6÷3=2

答え　2m

②式　6÷6=1

答え　1m

2
①式　8÷2=4

答え　4人

②式　8÷1=8

答え　8人

3
①4、5　　②2、7
③3、1　　④5、3
⑤6、9　　⑥1、7

4
①6　　②6
③0　　④4

⑤5　　　　⑥4
⑦3　　　　⑧8
⑨7　　　　⑩9
⑪1　　　　⑫8
⑬9　　　　⑭7
⑮4　　　　⑯9
⑰7　　　　⑱7

おうちの方へ 九九で答えられるわり算は、わり算のきほんです。まちがいが多かった人は、九九をしっかりふく習しましょう。

28 答えが何十になるわり算

❶ ①10　　　　②10
③10　　　　④10
⑤10　　　　⑥10
⑦10　　　　⑧10

❷ ①20　　　　②40
③20　　　　④20
⑤30　　　　⑥30

❸ ①10　　　　②30
③10　　　　④20
⑤10　　　　⑥20
⑦20　　　　⑧10
⑨10　　　　⑩40
⑪30　　　　⑫10
⑬10　　　　⑭10

おうちの方へ 何十をわる計算は、10の何こ分かを考えます。
❶① 10が、(3÷3)で1こだから、10　または、3×□＝30の□にあてはまる数だから、10になります。
❷① 10が、(4÷2)で2こだから、20

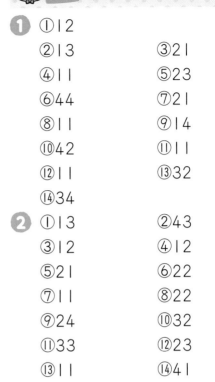

29 答えが九九にないわり算

❶ ①12
②13　　　　③21
④11　　　　⑤23
⑥44　　　　⑦21
⑧11　　　　⑨14
⑩42　　　　⑪11
⑫11　　　　⑬32
⑭34

❷ ①13　　　　②43
③12　　　　④12
⑤21　　　　⑥22
⑦11　　　　⑧22
⑨24　　　　⑩32
⑪33　　　　⑫23
⑬11　　　　⑭41
⑮31　　　　⑯31
⑰22　　　　⑱11

おうちの方へ 十の位と一の位の数を、それぞれわります。
❶④　55を、50と5に分けて考えます。

1 14、4、4、14、4、3、2、3、2

2
①2あまり1 　②7あまり3
③6あまり4 　④2あまり1
⑤4あまり5 　⑥2あまり6
⑦4あまり7 　⑧8あまり1
⑨3あまり6 　⑩8あまり4
⑪8あまり5 　⑫7あまり8

3
①5あまり1 　②1あまり2
③2あまり3 　④2あまり1
⑤1あまり1 　⑥9あまり1
⑦2あまり8 　⑧7あまり5
⑨7あまり2 　⑩2あまり1
⑪3あまり4 　⑫3あまり4
⑬4あまり2 　⑭5あまり6
⑮9あまり1 　⑯3あまり1
⑰5あまり5 　⑱6あまり8
⑲5あまり1 　⑳7あまり4
㉑2あまり2 　㉒9あまり1
㉓8あまり8

🏠 **おうちの方へ** あまりのあるわり算の答えも、わる数のだんの九九を使ってもとめます。あまりは、いつもわる数より小さくなるようにします。
1 分けられる人数は、四三12で、3
あまりは、14−12＝2で、2
だから 14÷4＝3あまり2

1
①2あまり1 　②4あまり1
③6あまり2 　④6あまり2
⑤5あまり5 　⑥4あまり2
⑦1あまり3 　⑧8あまり2
⑨6あまり1 　⑩6あまり4
⑪4あまり3 　⑫2あまり4
⑬2あまり3 　⑭4あまり1
⑮4あまり2 　⑯8あまり3
⑰8あまり7 　⑱9あまり2

2
①4あまり2 　②5あまり1
③1あまり1 　④7あまり2
⑤2あまり4 　⑥2あまり5
⑦3あまり7 　⑧1あまり5
⑨3あまり1 　⑩6あまり3
⑪6あまり4 　⑫6あまり6
⑬5あまり3 　⑭7あまり1
⑮1あまり2 　⑯9あまり1
⑰7あまり2 　⑱1あまり4
⑲3あまり2 　⑳8あまり1
㉑2あまり3 　㉒8あまり5
㉓7あまり6

🏠 **おうちの方へ** あまりがわる数より小さくなっているかどうか、見直しをするようにしましょう。

32 あまりのあるわり算②

1

①2あまり1	②2あまり3
③5あまり2	④1あまり1
⑤3あまり3	⑥3あまり3
⑦3あまり7	⑧1あまり2
⑨1あまり7	⑩9あまり4
⑪8あまり2	⑫8あまり1
⑬7あまり3	⑭1あまり2
⑮9あまり3	⑯8あまり1
⑰8あまり2	⑱5あまり2

2

①4あまり2	②5あまり1
③7あまり4	④2あまり2
⑤6あまり3	⑥1あまり7
⑦2あまり1	⑧2あまり2
⑨7あまり1	⑩6あまり6
⑪9あまり1	⑫5あまり3
⑬8あまり3	⑭2あまり2
⑮1あまり3	⑯9あまり1
⑰7あまり2	⑱7あまり5
⑲6あまり1	⑳3あまり6
㉑3あまり2	㉒9あまり4
㉓9あまり1	

おうちの方へ くり返し練習して、あまりのあるわり算になれましょう。

33 あまりのあるわり算③

1

①7	②2あまり2
③4あまり3	④5
⑤7	⑥4あまり3
⑦1	⑧1あまり3
⑨6あまり2	⑩9
⑪5	⑫9あまり1
⑬1あまり4	⑭4
⑮9あまり2	⑯9
⑰7	⑱7あまり7

2

①3あまり1	②6
③9	④4あまり1
⑤3あまり3	⑥6あまり5
⑦7	⑧1あまり3
⑨8	⑩6あまり3
⑪4あまり1	⑫2
⑬3あまり5	⑭5
⑮7	⑯8あまり6
⑰4あまり3	⑱1
⑲4	⑳5あまり3
㉑7	㉒8
㉓7あまり1	

おうちの方へ 「わり切れる」わり算と「わり切れない」わり算がまじっています。「わり切れない」わり算は、あまりをかきましょう。

34 あまりのあるわり算④

1
① 4　　　　　　② 5あまり1
③ 1あまり4　　④ 6あまり3
⑤ 6　　　　　　⑥ 4あまり1
⑦ 9あまり2　　⑧ 6
⑨ 8　　　　　　⑩ 2
⑪ 4あまり4　　⑫ 2あまり3
⑬ 9　　　　　　⑭ 1
⑮ 6　　　　　　⑯ 1あまり3
⑰ 8あまり1　　⑱ 8

2
① 1あまり2　　② 7
③ 4　　　　　　④ 3あまり2
⑤ 6あまり1　　⑥ 2あまり4
⑦ 7　　　　　　⑧ 5あまり2
⑨ 8あまり3　　⑩ 4
⑪ 6　　　　　　⑫ 9
⑬ 1あまり6　　⑭ 1あまり1
⑮ 1　　　　　　⑯ 8
⑰ 6　　　　　　⑱ 5あまり5
⑲ 2あまり4　　⑳ 3あまり7
㉑ 9　　　　　　㉒ 8
㉓ 9あまり5

🏠おうちの方へ 3年生で習う「わり算」は、4年生で習う「わり算の筆算」のきそになります。ここで、しっかりりかいしておきましょう。

35 答えのたしかめ

1
① 5、3、2、17
② 4、8、1、33

2
① 7あまり1、2×7+1=15
② 5あまり2、4×5+2=22
③ 4あまり6、7×4+6=34
④ 1あまり2、3×1+2=5
⑤ 7あまり2、6×7+2=44
⑥ 5あまり7、9×5+7=52
⑦ 9あまり6、8×9+6=78

3
① 8あまり2、3×8+2=26
② 2あまり1、9×2+1=19
③ 1あまり4、6×1+4=10
④ 6あまり3、5×6+3=33
⑤ 8あまり1、2×8+1=17
⑥ 6あまり4、8×6+4=52
⑦ 8あまり2、5×8+2=42
⑧ 5あまり2、7×5+2=37
⑨ 3あまり1、9×3+1=28
⑩ 2あまり2、8×2+2=18
⑪ 9あまり2、4×9+2=38
⑫ 8あまり4、7×8+4=60

🏠おうちの方へ あまりのあるわり算の答えは、かけ算とたし算を使ってたしかめられます。たしかめの計算の答えは、わられる数と同じになります。

94

36 まとめのテスト

1 ①30 　　②10
　 ③30 　　④10
　 ⑤10 　　⑥20
　 ⑦20 　　⑧10

2 ①11 　　②21
　 ③12 　　④11
　 ⑤22 　　⑥34
　 ⑦11 　　⑧32

3 ①3あまり1 　　②4あまり2
　 ③5あまり1 　　④6あまり2
　 ⑤2あまり7 　　⑥1あまり1
　 ⑦3あまり3 　　⑧4あまり5

4 ①8あまり4、6×8+4=52
　 ②4あまり3、5×4+3=23
　 ③9あまり7、8×9+7=79

5 ①○
　 ②6あまり7
　 ③4あまり2

🏠おうちの方へ あまりのあるわり算では、あまりがわる数より小さくなっているかどうかをかくにんすることと、答えのたしかめをすることは、とてもたいせつです。

5① 　答えをたしかめると、
　4×8+2=34 だから、正しいです。
　③ 　答えをたしかめると、
　7×3+9=30 だから、正しいように思いますが、あまりの9が、わる数の7より大きくなっています。
　30÷7=4あまり2 です。

37 しあげのテスト1

1 ①0 　　②0
　 ③40 　　④60
　 ⑤140 　　⑥4000

2
① $\begin{array}{r} 21 \\ \times\ 3 \\ \hline 63 \end{array}$ 　② $\begin{array}{r} 12 \\ \times\ 6 \\ \hline 72 \end{array}$ 　③ $\begin{array}{r} 45 \\ \times\ 2 \\ \hline 90 \end{array}$

④ $\begin{array}{r} 82 \\ \times\ 4 \\ \hline 328 \end{array}$ 　⑤ $\begin{array}{r} 68 \\ \times\ 3 \\ \hline 204 \end{array}$ 　⑥ $\begin{array}{r} 75 \\ \times\ 8 \\ \hline 600 \end{array}$

⑦ $\begin{array}{r} 234 \\ \times\ 2 \\ \hline 468 \end{array}$ 　⑧ $\begin{array}{r} 105 \\ \times\ 6 \\ \hline 630 \end{array}$ 　⑨ $\begin{array}{r} 113 \\ \times\ 8 \\ \hline 904 \end{array}$

⑩ $\begin{array}{r} 183 \\ \times\ 6 \\ \hline 1098 \end{array}$ 　⑪ $\begin{array}{r} 308 \\ \times\ 7 \\ \hline 2156 \end{array}$ 　⑫ $\begin{array}{r} 560 \\ \times\ 9 \\ \hline 5040 \end{array}$

3 ①86 　　②81 　　③70

4 ①320 　　②260
　 ③900 　　④2700
　 ⑤1500

5 ①7 　　②9
　 ③0 　　④8
　 ⑤4 　　⑥3
　 ⑦1 　　⑧5
　 ⑨4 　　⑩7
　 ⑪3 　　⑫6
　 ⑬7 　　⑭8
　 ⑮6 　　⑯9

🏠 **おうちの方へ** ①①② どんな数に0
をかけても、また、0にどんな数を
かけても、答えは0です。

② かけ算の筆算は、一の位からじゅん
に計算します。

③ かけ算の暗算は、十の位からじゅん
に計算します。

④④ (30×9)を10倍した数になります。

⑤ わり算の答えは、わる数のだんの
九九を使ってもとめます。0を、0で
ないどんな数でわっても、答えはいつ
も0になります。

38 しあげのテスト2

1

① 16
× 51
――――
  16
 80
――――
 816

② 38
× 17
――――
 266
 38
――――
 646

③ 23
× 40
――――
 920

④ 14
× 72
――――
  28
 98
――――
1008

⑤ 96
× 13
――――
 288
 96
――――
1248

⑥ 62
× 98
――――
 496
 558
――――
6076

⑦ 123
× 68
――――
 984
 738
――――
8364

⑧ 409
× 24
――――
1636
 818
――――
9816

⑨ 226
× 40
――――
9040

⑩ 304
× 76
――――
1824
2128
――――
23104

⑪ 465
× 28
――――
3720
 930
――――
13020

⑫ 789
× 60
――――
47340

2
① 10　　② 30
③ 11　　④ 21

3
① 5あまり1　　② 2あまり2
③ 6あまり2　　④ 2あまり6
⑤ 3あまり6　　⑥ 2あまり1

⑦ 6あまり1　　⑧ 2あまり7
⑨ 5あまり7　　⑩ 4あまり1
⑪ 9あまり5　　⑫ 8あまり6
⑬ 1あまり1　　⑭ 4あまり4
⑮ 5あまり1　　⑯ 3あまり8
⑰ 6あまり5　　⑱ 7あまり1
⑲ 7あまり4　　⑳ 7あまり6

🏠 **おうちの方へ** ① 答えをかく場所や、
くり上がりに注意して、計算しましょう。

②③④ 十の位と一の位に分けて計算
します。

③ わり算のあまりは、わる数より小さ
くなります。答えのたしかめは、計算
まちがいをへらすことにつながります。

39 4年生のわり算

★16、16、16
たてて、かけて、ひいて、おろす、
たてて、かけて、ひいて

★**1**

①　　14
3)42
　 3
――――
　12
　12
――――
　 0

②　　13
5)65
　 5
――――
　15
　15
――――
　 0

③　　12
8)96
　 8
――――
　16
　16
――――
　 0

🏠 **おうちの方へ** 4年生で学習するわり
算の筆算にちょうせんしてみましょう。